国家级职业教育规划教材
对接世界技能大赛技术标准创新系列教材
全国中等职业学校美发专业教材

吉正龙　主编

生活发式修剪

人力资源社会保障部教材办公室　组织编写

中国劳动社会保障出版社

world skills
China

图书在版编目(CIP)数据

生活发式修剪 / 吉正龙主编 . -- 北京：中国劳动社会保障出版社，2021
对接世界技能大赛技术标准创新系列教材　全国中等职业学校美发专业教材
ISBN 978-7-5167-4951-7

Ⅰ. ①生…　Ⅱ. ①吉…　Ⅲ. ①理发 – 中等专业学校 – 教材　Ⅳ. ① TS974.2

中国版本图书馆 CIP 数据核字（2021）第 131871 号

中国劳动社会保障出版社出版发行
（北京市惠新东街 1 号　邮政编码：100029）
*
北京市白帆印务有限公司印刷装订　　新华书店经销

787 毫米 ×1092 毫米　16 开本　8 印张　128 千字
2021 年 8 月第 1 版　　2023 年 8 月第 3 次印刷
定价：18.00 元

营销中心电话：400-606-6496
出版社网址：http://www.class.com.cn
http://jg.class.com.cn

对接世界技能大赛技术标准创新系列教材

编审委员会

主　任：刘　康

副主任：张　斌　王晓君　刘新昌　冯　政

委　员：王　飞　翟　涛　杨　奕　张　伟　赵庆鹏

姜华平　杜庚星　王鸿飞

美容美发与造型（美发）专业课程改革工作小组

课 改 校：重庆五一技师学院

北京新媒体技师学院

邢台技师学院

广州市白云工商技师学院

技术指导：吉正龙

编　　辑：邓　硕

本书编审人员

主　编：吉正龙

副主编：潘晓梅　李晓琳　李文猛

参　编：郝　海　陈小燕　陈洪仔　乔本新　张永康

主　审：何先泽

序

世界技能大赛由世界技能组织每两年举办一届，是迄今全球地位最高、规模最大、影响力最广的职业技能竞赛，被誉为“世界技能奥林匹克”。我国于 2010 年加入世界技能组织，先后参加了五届世界技能大赛，累计取得 36 金、29 银、20 铜和 58 个优胜奖的优异成绩。第 46 届世界技能大赛将在我国上海举办。2019 年 9 月，习近平总书记对我国选手在第 45 届世界技能大赛上取得佳绩作出重要指示，并强调，劳动者素质对一个国家、一个民族发展至关重要。技术工人队伍是支撑中国制造、中国创造的重要基础，对推动经济高质量发展具有重要作用。要健全技能人才培养、使用、评价、激励制度，大力发展技工教育，大规模开展职业技能培训，加快培养大批高素质劳动者和技术技能人才。要在全社会弘扬精益求精的工匠精神，激励广大青年走技能成才、技能报国之路。

为充分借鉴世界技能大赛先进理念、技术标准和评价体系，突出“高、精、尖、缺”导向，促进技工教育与世界先进标准接轨，完善我国技能人才培养模式，全面提升技能人才培养质量，人力资源社会保障部于 2019 年 4 月启动了世界技能大赛成果转化工作。根据成果转化工作方案，成立了由世界技能大赛中国集训基地、一体化课改学校，以及竞赛项目中国技术指导专家、企业专家、出版集团资深编辑组成的对接世界技能大赛技术标准深化专业课程改革工作小组，按照创新开发新专业、升级改造传统专业、深化一体化专业课程改革三种对接转化原则，以专业培养目标对接职业描述、专业课程对接世界技能标准、课程考核与评价对接评分方案等多种操作模式和路径，同时融入健康与安全、绿色与环保及可持续发展理念，开发与世界技能大赛项目对接的专业人才培养方案、教材及配套教学资源。首批对接 19 个世界技能大赛项目共 12 个专业的成果将于 2020—2021 年陆续出版，主要用于技工院校日常专业教学工作中，充分发挥世界技能大赛成果转化对技工院校技能人才的引领示范作用。在总结经验及调研的基础上选择新的对接项目，陆续启动第二批等世界技能大赛成果转化工作。

希望全国技工院校将对接世界技能大赛技术标准创新系列教材，作为深化专业课程建设、创新人才培养模式、提高人才培养质量的重要抓手，进一步推动教学改革，坚持高端引领，促进内涵发展，提升办学质量，为加快培养高水平的技能人才作出新的更大贡献！

2020 年 11 月

简介

在人力资源社会保障部开展的世界技能大赛成果转化工作中，美容美发与造型（美发）专业采用“升级改造传统专业”模式，借鉴一体化课改思路，通过实践专家访谈会列出代表性工作任务，然后对代表性工作任务从职能、任务两方面与企业技术标准、世赛标准以及国家技能人才培养标准进行整合、归类，从中提取出头发的洗护、头发的简单吹风与造型、胡须修剪与造型、生活发式的编织、生活发式修剪、生活烫发、生活与时尚发型染色、商业烫发、时尚接发、头发的复杂吹风与造型、时尚烫发、发型雕刻、商业发型的编盘、商业发型修剪、商业与创意发型染色 15 项典型工作任务，转化为 15 门核心一体化课程，由此将世赛理念、世赛标准从源头融入课程体系中。

本教材为美容美发与造型（美发）专业对接世界技能大赛技术标准创新系列教材之一。教材以一体化教学参考书的形式呈现，分为工作情境描述、学习任务描述、与其他学习任务的关系、学生基础、学习目标、学习内容、教学条件、教学组织形式、教学流程与活动、评价内容与标准、学习资料十一个栏目，将代表最高标准及最先进理念的世赛实战内容和世赛技术标准融入其中，突出教材以学生为本、为教学服务、与世赛对接的核心。

目　录

模块一　发型层次的修剪

模块二　发型刘海的修剪

模块三　发型动感空间的处理

模块四　男士超短发的推剪

模块一

发型层次的修剪

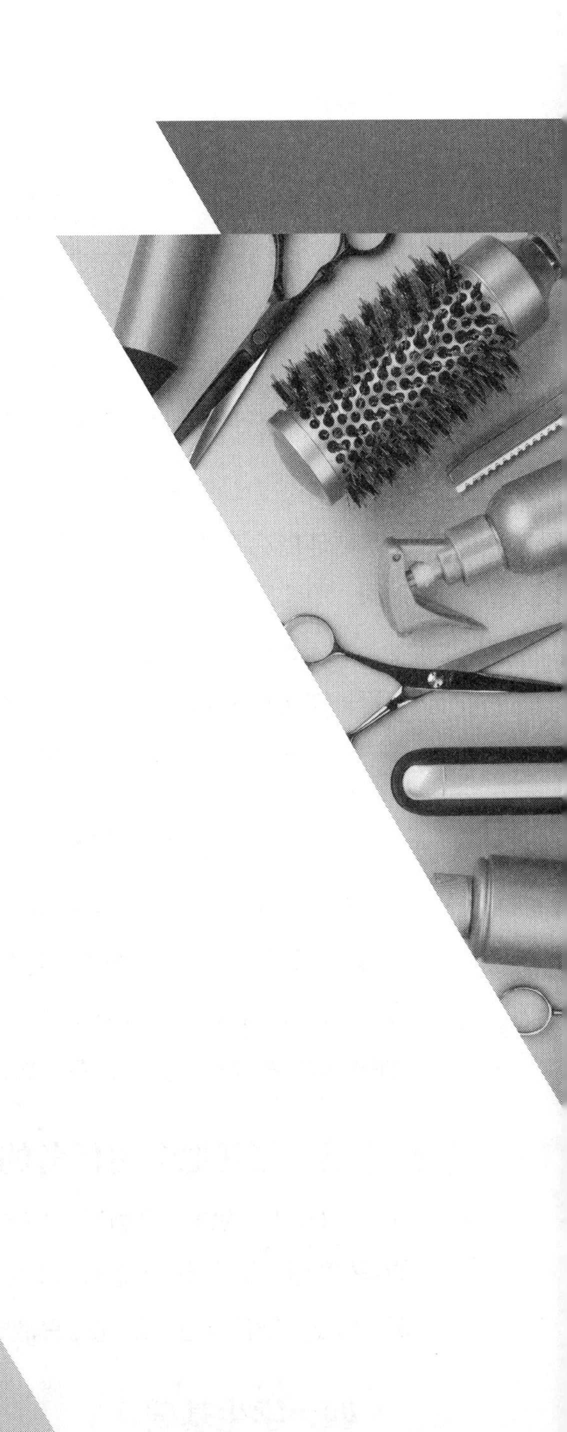

任务1
固体层次的修剪

一、工作情境描述

按岗位晋级要求，美发助理晋升为预备美发师，需完成头发固体层次修剪的任务。固体层次的修剪是发型修剪的基本功，通过0°修剪，发型会呈现厚重感极强的效果。单个工作任务的完成需要45分钟。

美发助理接受任务后，模拟美发沙龙剪发流程，把头模当顾客对待，确定修剪流程，选用正确的修剪工具、分区技法、修剪手法等，按照世赛健康与安全标准准备工作环境，并遵循美发师国家行业标准，实施固体层次的修剪。

二、学习任务描述

在教师的指导下，学生执行世界技能大赛美发项目技术文件（健康与安全）标准与美发师职业标准，通过小组合作方式模拟接待、询问顾客，获取任务，制订修剪工作计划，认知、使用与维护剪发工具，整理、清洁剪发工作区域，实施生活发式固体层次的修剪，并在任务完成后拍照、展示、存档，获取顾客反馈。

三、与其他学习任务的关系

固体层次的修剪是边沿层次的修剪等学习任务的基础，通过完成该学习任务，能强化学生对发型作业流程、作业规范的认知，提升学生的责任意识、场地管理意识，树立职业自豪感，从而让其他学习任务的开展更具规范性与职业性。

四、学生基础

具备一定的美发行业认知，具有头发洗护、吹风、染烫的常规认知和操作体验。

五、学习目标

1. 能独立、准确地询问顾客的剪发需求，并参与小组合作制订工作计划。

2. 通过独立查询资料，能识别不同类型头发、脸型及头发生长的特点。

3. 能正确认识、使用、维护、保养剪发工具。

4. 按照发型修剪标准，能独立使用固体层次的修剪手法对头发层次进行处理。

5. 能按照生产商的说明，用小组合作方式，安全且卫生地选择、使用、清洁和储存所有的设备、工具和材料。

6. 能按照世界技能大赛美发项目健康与安全条例标准，合作营造并维持安全、整洁和令人愉悦的工作环境。

7. 能完成自评、互评，获取顾客反馈意见，并拍照存档。

六、学习内容

1. 职业服务规范。

2. 沟通技巧。

3. 剪发工具认知、使用、维护、消毒与保养。

4. 不同类型头发的生长特点及毛流方向。

5. 世界技能大赛美发工作环境标准。

6. 固体层次的分区方法、修剪流程、修剪技法。

7. 美发网图片查询方法。

8. 评价标准、评价流程。

9. 发型拍照及展示技巧。

七、教学条件

1. 工具、材料、设备：镜台、工凳、推车、头模（真人模特）、支架、围布、一次性围脖、毛巾、喷水壶、剪裁梳、平头梳、鸭嘴夹、条剪、打薄剪、滑剪、剪刀包、电推剪、卡尺、扫发刷、吹风机。

2. 资料：世界技能大赛美发项目技术文件、美发师国家职业技能标准、工作页、参考书、优秀作品范例、素材网络（如美发网）。

学习工作站须具备良好的安全、照明和通风条件，可分为资讯查询区、集中教学区、方案讨论区、实训操作区、成果展示区，并配置相应的文件查询服务器和多媒体教学系统等设备设施，面积以至少容纳 30 人开展教学活动为宜，工位建议一人一位。

八、教学组织形式

1. 用微课组织学生小组互动或个人独立学习剪发服务规范、沟通技巧，固体层次的分区方法、修剪技法、修剪流程，世界技能大赛美发工作环境标准等知识与技能。

2. 用岗位角色扮演的方式，让学生合作体验并完成场地环境检查、安全检查、人员考核、工作交接等工作流程与服务。

3. 组织学生学习剪发工具的认识、使用、维护、消毒与保养，不同类型头发的头发生长特点和毛流方向等知识与技术，并进行小组讨论与交流。

4. 按照剪发流程与技法，组织学生在头模上独立完成固体层次修剪。

5. 以图示、修剪头模等形式，组织学生分组交流、展示学习成果。

6. 针对固定层次修剪效果，组织学生完成过程性自评、互评，教师完成终结性评价。

九、教学流程与活动

1. 咨询顾客需求，获取修剪任务。

2. 制定固体层次修剪任务方案。

3. 实施固体层次修剪训练任务。

4. 展示固体层次修剪成果。

5. 获取顾客反馈，评估学习效果。

6. 拓展固体层次修剪技能。

教学活动策划表详见表 1-1。

表 1-1　教学活动策划表

教学活动	关键能力	学生活动	教师活动	学习内容	资源	评价点	学时	地点
教学活动 1 咨询顾客需求，获取修剪任务	1. 语言表达能力 2. 自主学习能力	1. 获取工作任务 2. 学习沟通技巧 3. 学习流行发型图片及视频检索方法 4. 模拟与顾客沟通交流 5. 填写剪发服务规范	1. 布置学习任务，提供学习资料 2. 协助学生与顾客交流 3. 解答学生疑问	1. 固体层次修剪流程、手法、服务规范、操作要领等微课 2. 与顾客有效沟通的方法 3. 收集固体层次修剪效果图的方法	书籍、美发网、工作页	1. 填写固体层次修剪工作页 2. 提交顾客发型修剪需求 3. 提交固体层次发型图片	4	美发实训室
教学活动 2 制定固体层次修剪任务方案	1. 合作、沟通能力 2. 工作计划编写能力	1. 小组进行人员分工，制定修剪方案 2. 小组选用修剪工具，交流修剪手法与流程 3. 小组提交修剪方案	1. 引导学生按岗位角色（美发师、顾客、助理）讨论工作职能、分配工作任务、制定修剪方案 2. 巡回指导小组制订工作计划 3. 进行学生差异化指导	1. 明确工作时间 2. 拟订工作计划 3. 进行人员分工 4. 协调工具与设备	修剪工具、头模、支架、工作页、多媒体	1. 工作计划具有可操作性 2. 选用修剪工具合理 3. 提交方案完善，包括完整的修剪流程	4	美发实训室

续表

教学活动	关键能力	学生活动	教师活动	学习内容	资源	评价点	学时	地点
教学活动 3 实施固体层次修剪训练任务	1. 固定层次修剪规范操作能力 2. 世赛标准执行能力 3. 合作能力	1. 演一演 1）美发师、助理、顾客角色 2）叙述自己所扮演角色的工作职能 2. 查一查 1）修剪工具、设施设备的摆放是否合规 2）工作区域健康与安全是否达标 3. 做一做 1）独立完成固体层次修剪服务 2）小组合作收拾设备、工具，清扫场地 3）填写小组评价表	1. 提出完成任务的工作要求 2. 组织学生对修剪工具进行练手 3. 组织学生互测修剪手法 4. 组织学生学习评价标准 5. 巡回指导，实时监控	1. 选择与运用修剪工具 2. 发型分区的方法 3. 固体层次修剪的手法、步骤等技术要领 4. 世界技能大赛美发项目健康与安全条例标准 5. 学习效果评价标准	修剪工具、修剪设备、工作页、头模、真人模特、顾客满意度调查表	1. 分区图描绘清晰、准确 2. 对不同类型头发的生长特点能准确判别 3. 修剪工具、设施设备的摆放合规 4. 对头发层次进行修剪的手法正确，符合修剪流程与标准 5. 修剪设备、工具整理及工作区域清扫达标 6. 小组协调合作 7. 顾客满意度达 80% 以上	8	美发实训室

续表

教学活动	关键能力	学生活动	教师活动	学习内容	资源	评价点	学时	地点
教学活动 4 展示固体层次修剪成果	1. 总结能力 2. 交流能力 3. 解决问题能力	1. 固体层次发型修剪作品展示素材准备 2. 固体层次发型修剪作品成果展示	1. 组织学生进行成果展示 2. 点评展示效果	1. 工作成果总结方法与要素 2. 固体层次修剪成果汇报展示技巧	修剪工具、修剪设备、真人模特、展示板	1. 小组汇报完整性 2. 各小组讨论有效性	1	美发实训室
教学活动 5 获取顾客反馈，评估学习效果	表达与沟通能力	1. 小组自评、互评 2. 获取顾客反馈信息	点评学生完成任务情况	1. 过程性自评、互评标准 2. 终结性评价标准	自评表、互评表、师评表	1. 修剪过程的学习态度 2. 修剪结果完成度 3. 顾客反馈信息的有效性	1	美发实训室
教学活动 6 拓展固体层次修剪技能	1. 自主学习能力 2. 知识迁移能力	1. 课后为家人或朋友进行固体层次的修剪 2. 修剪发型后拍照并上传至 QQ 群	1. 布置拓展任务 2. 通过微信、QQ 与学生互动，线上答疑	固体层次修剪的扩展	QQ 群、真人模特、修剪工具	1. 规定时间完成作业情况 2. 与顾客脸型的搭配情况	课余	

十、评价内容与标准

1. 会描述顾客的剪发需求。

2. 提交 1 份以上流行发型图片或视频检索资料。

3. 制订的工作计划具有可操作性。

4. 对不同类型头发的生长特点能准确判别。

5. 通过参与小组合作，会安全认识、选择、使用、清洁、维护、保养剪发的设备、工具和材料。

6. 对头发层次进行修剪的手法正确，符合修剪流程与标准。

7. 营造并维持安全、整洁和令人愉悦的工作环境，符合世界技能大赛美发项目健康与安全条例标准。

8. 能对学习成果进行展示、汇报，完成自评、互评、师评，获取顾客反馈意见，并拍照存档。

9. 能对系统学习成果进行展示、汇报。

十一、学习资料

固定层次的修剪

（一）修剪工具

修剪发型时，首先要确定造型的基本形式和为实现理想的效果所需采用的技术。选用何种工具大有讲究，不同的工具在头发上产生的效果各有不同。下面以右利手的人为例，介绍一下修剪工具的使用情况。

1. 剪刀

（1）定义。剪刀是美发师在工作中最重要的工具。剪刀各式各样、长短不一，制作材料有陶瓷、合金钢，后者较为常用。剪刀一般由把手、刀柄、固定轴、尖轴、刀身、刀刃几部分组成（见图 1–1）。

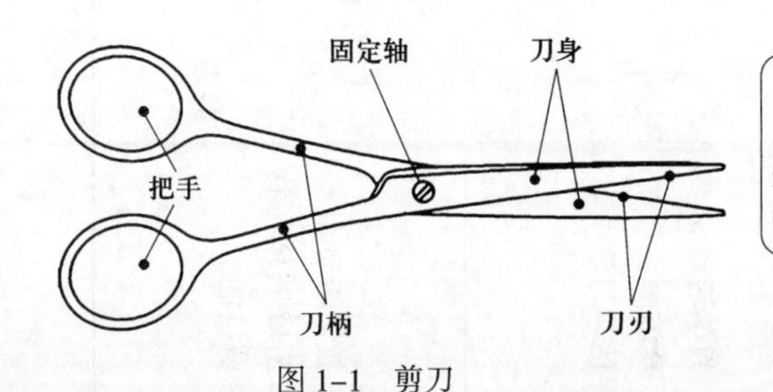

图 1–1　剪刀

温馨提示：

剪刀的把手可以是对称的，也可以是不对称的。有些剪刀还有一个尾柄，供小指使用，可增加握剪的舒适感和平衡感。

（2）握法及使用方法。拿剪刀时，主要由拇指和无名指来控制剪刀，拇指控制的是活动刀刃，无名指控制的是静止刀刃，两部分由固定轴固定在一起，见表 1-2。

表 1-2　剪刀的使用方法

操作说明	操作图示	注意事项
剪刀中部的螺钉面对自己		手部到腕部之间呈弧形
静刃在上，套入无名指第二关节；动刃在下，套入拇指第一关节处		剪发时四指不动，由拇指上下运动
手背向上时，四指向右斜方平伸，剪刀的刃口同手腕部形成 45° 角		拿剪刀时手不要较劲，要轻松自如
手部自然下垂时，食指第二关节贴紧剪刀固定轴的位置。剪刀保持平稳并将刀尖向左方平伸		手腕部放松，五指柔中带力

（3）使用剪刀时容易出现的问题（见表 1-3）。

表 1-3　使用剪刀时容易出现的问题

问题	结果
用拇指与食指持剪刀	剪刀无法持稳
动刃、静刃同时动	剪发的过程不会平稳

（4）剪刀的保养与维护

1）不要用剪刀剪除头发之外的其他东西，否则很容易损伤刀刃。

2）剪发后要用柔软的布料或皮革将剪刀擦拭干净。

3）剪刀固定轴有些不灵活时，应用少量的润滑油润滑。

4）避免磕碰剪刀，否则会损伤刀尖或刀刃，固定轴会变松。

5）剪刀用完后要放在专业工具包或保护套内。

6）剪刀需要打磨时，要送至专业美发剪刀公司。

2. 剪发梳

女士剪发梳的锯齿是一样长的，男士剪发梳的锯齿逐步变短。剪发梳有多种长度，应选择符合双手大小的长度，这样操作起来才会比较轻松（见图 1–2）。

图 1–2　剪发梳

温馨提示：

切勿将剪刀和剪发梳置于口袋内，此举既不卫生，也不安全。

剪刀与剪发梳的配合使用：

（1）剪发时以左手食指与中指合力加紧发片，用左手拇指夹住剪发梳。

（2）当剪完一片头发需要剪发梳梳头时，先将剪刀合起来，将拇指从环中抽出，再将剪刀握于右手手掌中，然后用右手拇指、食指和中指握住剪发梳（见图 1–3），将头发梳顺。

图 1–3　剪发过程中梳理头发

优质剪发梳的特性

1. 坚固且具有韧性，即使梳齿经常使用也不会脆裂或断裂。
2. 经常使用不会变形。
3. 无尖锐或粗糙的棱角。
4. 能抵抗化学物质的腐蚀，方便清洗、消毒。

（二）剪发的基本要素

在学习剪发之前先要掌握剪发的基本要素，这样就能够在修剪前勾画出发型的基本轮廓，确定修剪的方向，使修剪变得轻松而准确。

1. 发型的基准点

为了有秩序地修剪头发，首先要在头部找准位置（即点的确定），然后以点为基准划分线条，继而进行分区，再通过不同角度的配合构成千变万化的面，进而组合成各式发型。

知道点的正确位置和名称，才能正确连接分区线。发型基准点的位置及名称见图 1–4。

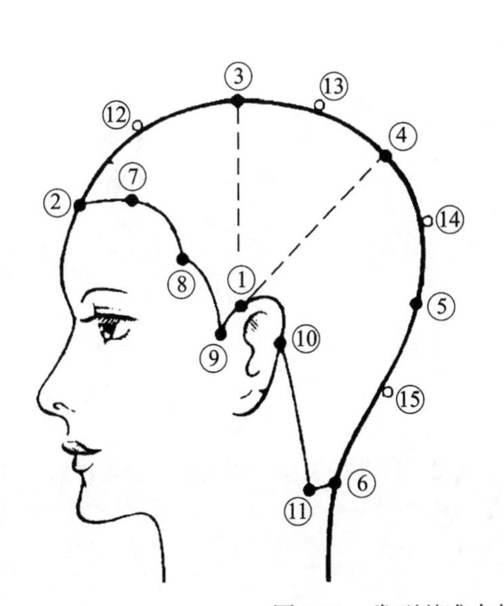

序号	名称
1	耳上点（左、右）
2	中心点
3	顶部点
4	黄金点
5	枕骨点
6	颈部点
7	前侧点（左、右）
8	侧部点（左、右）
9	侧角点（左、右）
10	耳后点（左、右）
11	颈侧点（左、右）
12	中心顶部基准点
13	顶部黄金间基准点
14	黄金后部间基准点
15	后部颈间基准点

图 1–4　发型基准点的位置及名称

2. 发型的基本线条

发型的基本线条是指发型边缘的轮廓线，见表 1-4。发型的基础形态与发型基本线条的设定密切相关。

表 1-4　发型的基本线条

线条分类	线条划分方法	线条特点
平直线（水平线）	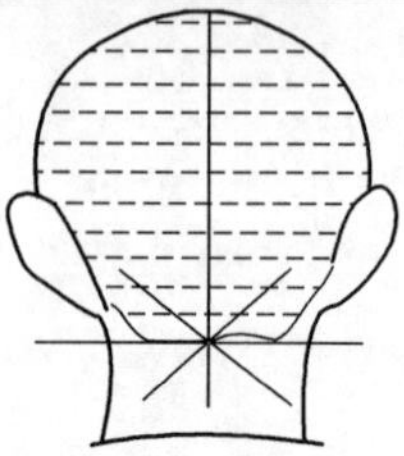	平直线线条发型的整体外观呈水平线效果。修剪时手指、分层线及剪切线都是水平状态的
前斜线（A 线）	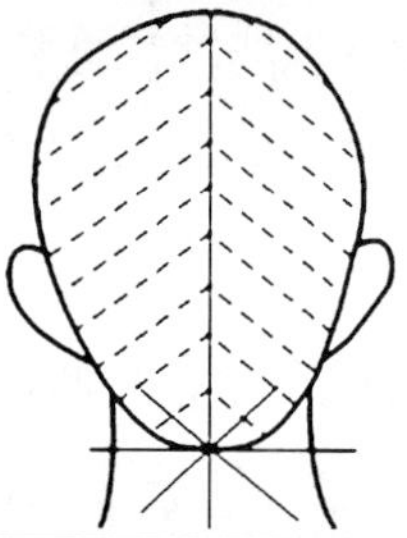	前斜线线条发型的整体外观呈前长后短的斜线效果。修剪时以“颈部点”为中心，手指倾斜夹住发片进行修剪。修剪后当头发自然垂落时，即形成两侧长、中间短的 A 线形状
后斜线（V 线）	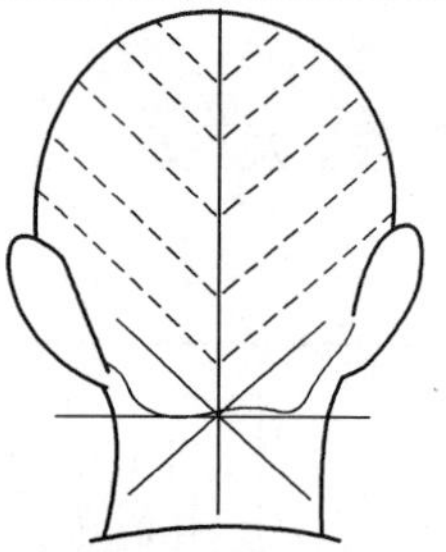	同样是斜线线条，后斜线与前斜线相反，其发型外观呈前短后长的斜线效果
竖线	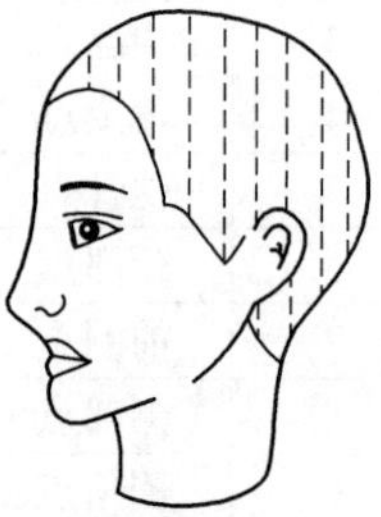	竖线线条可使发型轮廓流动性增强，呈现动感效果
放射线	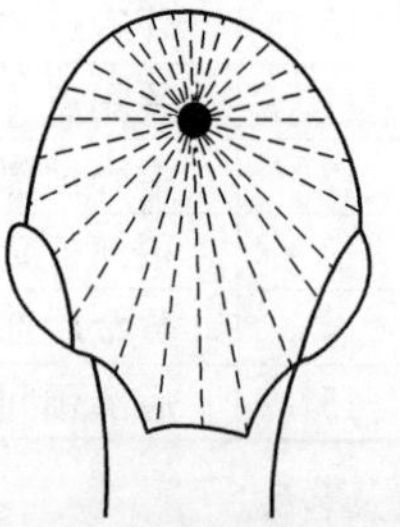	放射线线条的发型轮廓柔顺、变化自如，具有一定的动感

3. 发型的基本层次

层次是指将长短不一的头发有秩序地排列，使上下层头发之间形成一定的落差。头发的发型是依靠各种方向的层次组合而成的。从修剪造型及外观形态上看，发型大致可分为四种层次结构，即固定层次、边沿层次 、均等层次和渐增层次。

（1）固定层次

固定层次的发层都集中在轮廓线上，形成稳定、坚实的外观形状，每一层头发都采取自然垂落的方式向下梳顺剪切，剪切后，头发的实际长度为头顶部最长、越靠近底部越短。这种层次结构具有重量感，可形成不间断、静止、均匀、优雅的表面纹理（见图 1–5）。

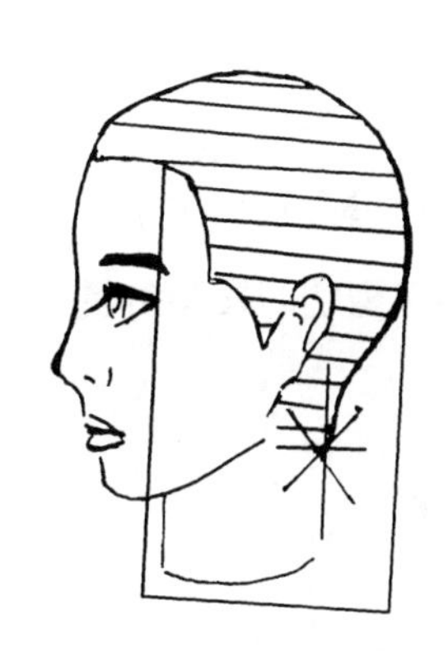
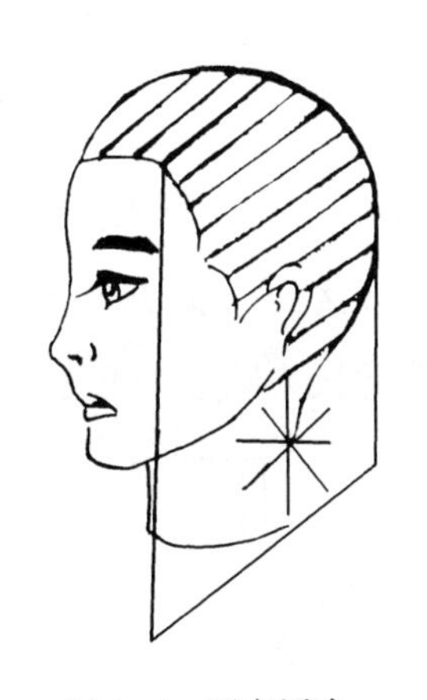
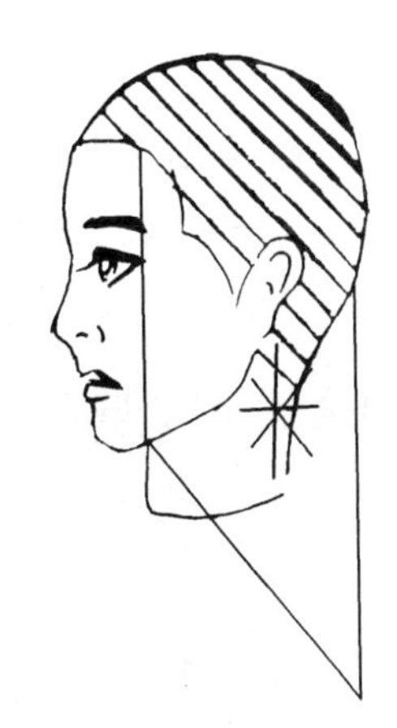

图 1–5　固定层次

（2）边沿层次

边沿层次发层的层次面较低，发梢呈堆叠状，容量感强，显示出小范围的层次截面，且层次形成于发式底部或边缘轮廓线上。层次的高低、大小效果取决于发束与头肌角度的大小，剪切时一般采取 15°、30°、45°、60°作为发束的提拉剪切角度（见图 1–6）。

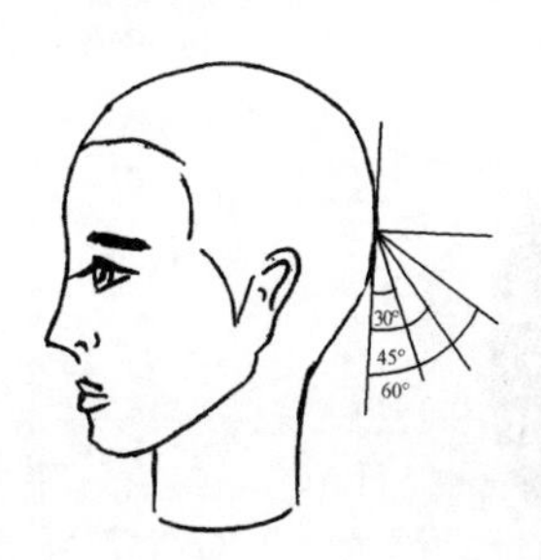

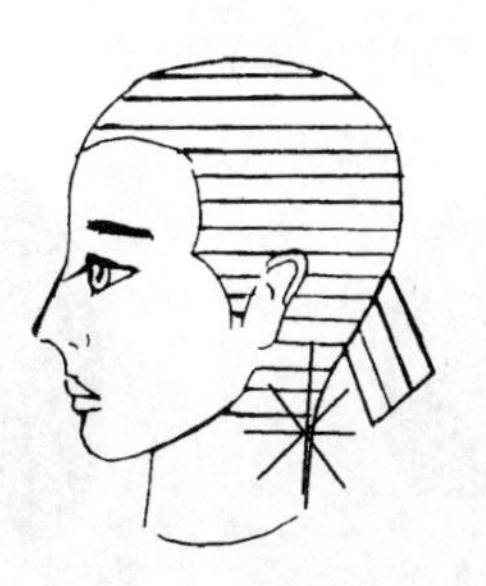
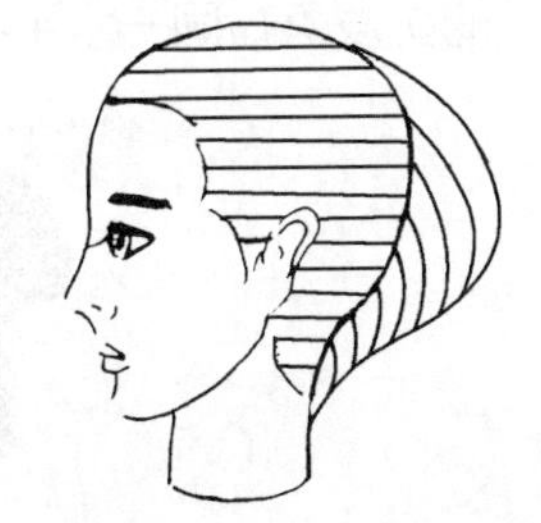

图 1–6　边沿层次

（3）均等层次

均等层次所有发层的头发都一样长，其轮廓为圆形，没有明显的重量线。这种发型层次有稳重、端庄、成熟之感，适合头发生长良好者及发量多者。修剪时要以垂直于头皮的角度（90°）拉出发片进行修剪（见图 1-7）。

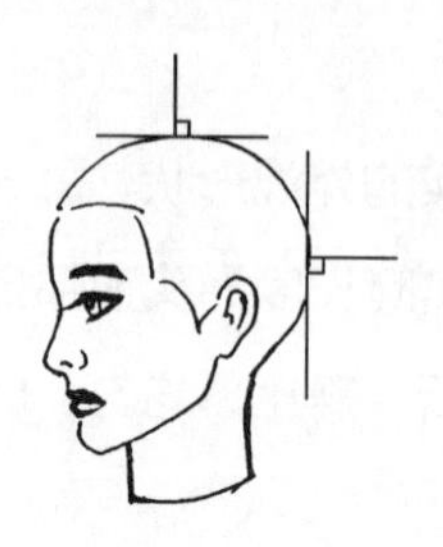
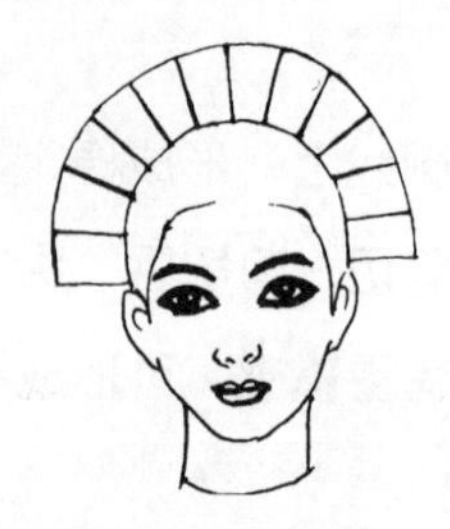
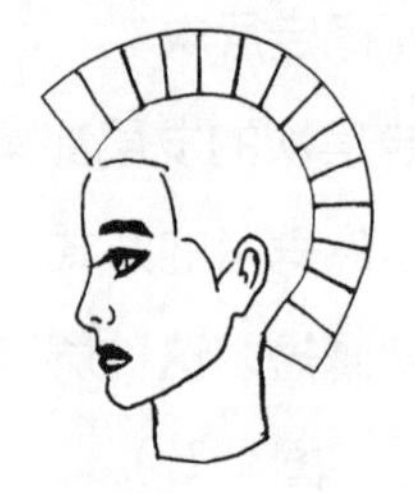

图 1-7　均等层次

（4）渐增层次

渐增层次的层次截面伸展范围广，显示出大范围的头发重叠面积，发梢显得轻而薄，发型质感好、容量感低，有纹理，有方向性。渐增层次剪切时发束的提拉角度要大于 90°，剪后顶部短、底部长（见图 1-8）。

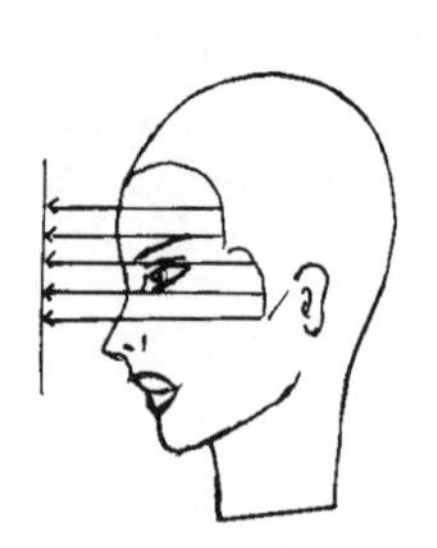
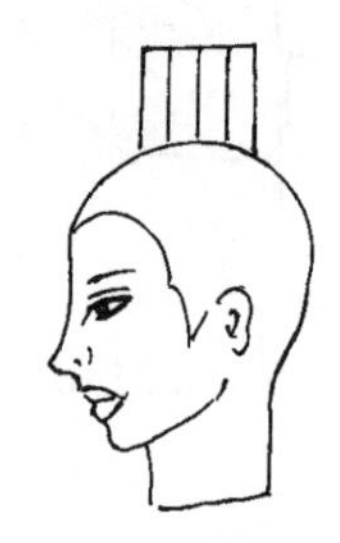
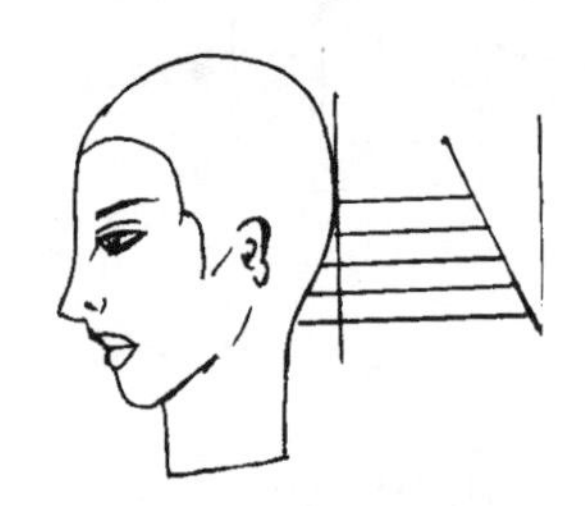

图 1-8　渐增层次

（三）固定层次的修剪

1. 固定层次的发型分析

固定层次发型头顶部的头发较长而底部的头发较短，且顶部最长的头发与底部最短的头发落在同一水平线上（见图 1-9）。

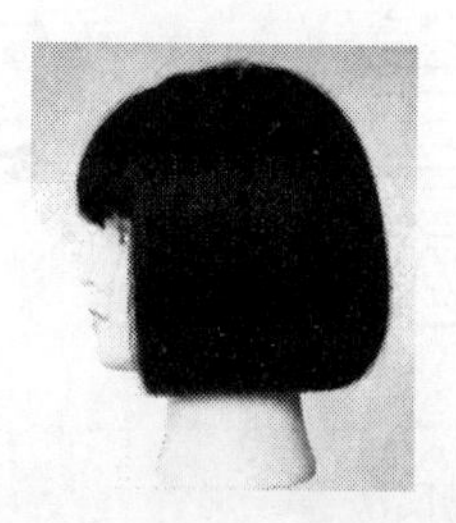
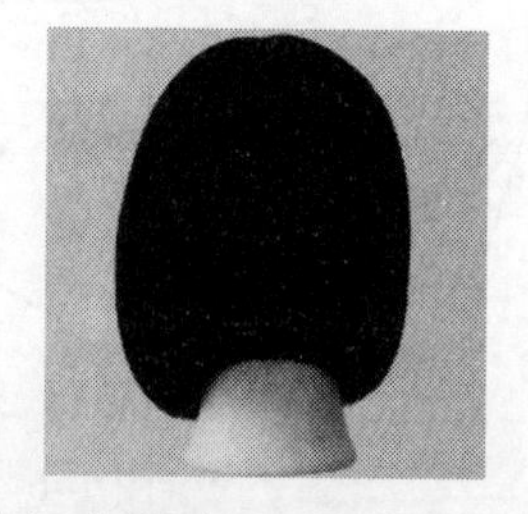

图 1-9　固定层次发型

2. 固定层次的修剪方法见表 1-5

表 1-5　固定层次的修剪方法

修剪程序	修剪方法	修剪图示	注意事项
分四区	将头发分四区	3 区 4 区 1 区 2 区	分好每一发区，用夹子夹好，方便每一区的修剪
修剪引导线	先修剪 1、2 区，以平直线划分线条，分出 1.5 厘米发片，0° 梳顺发片，修剪引导线		手指与直线分区线条平行
修剪内部层次	再往上分出约 2 厘米的头发，以直线划分线条，取出发片，以引导线为标准进行修剪		拉发片的力度不要太大，因为头发有弹性，修剪、吹干后的头发会变短
修剪侧面头发	将修剪的部分延至前侧面，把其他的头发用发夹固定在头顶。以后面修剪好的头发为引导线进行修剪，修剪至顶部		连接后面与侧面的头发时，找出旁边已修剪好的一点头发为引导线，定出侧面引导线
修剪轮廓	最后，将前额与两侧周边轮廓的头发修剪成形，完成整体发型		头发吹干后，可再行修剪轮廓

任务 2
边沿层次的修剪

一、工作情境描述

某美发沙龙来了一位刚毕业的学生，需要一款稳重的发型以便参加面试。美发师经过与顾客沟通，决定对其发型进行边沿层次的修剪。边沿层次的修剪是发型修剪的基本功，通过 0° ~90°提拉发片修剪，发型会呈现厚重感强的效果。单个工作任务的完成需要 30~45 分钟。

美发师接受任务后，根据美发沙龙剪发流程，选用正确的修剪工具、分区技法、修剪手法等，按照世赛健康与安全标准准备工作环境，并遵循美发师国家行业标准，实施边沿层次的修剪。

二、学习任务描述

在教师的指导下，学生执行世界技能大赛美发项目技术文件（健康与安全）标准与美发师职业标准，通过小组合作方式模拟接待、询问顾客，获取任务，制订修剪工作计划，认知、使用与维护剪发工具，整理、清洁剪发工作区域，实施生活发式边沿层次的修剪，并在任务完成后拍照、展示、存档，获取顾客反馈。

三、与其他学习任务的关系

边沿层次的修剪是固体层次的修剪学习任务的递增，是均等层次的修剪等学习任务的基础，通过完成该学习任务，能强化学生对发型作业流程、作业规范的认知，提升学生的责任意识、场地管理意识，树立职业自豪感，从而让其他学习任务的开展更具规范性与职业性。

四、学生基础

具备一定的美发行业认知，具有头发洗护、吹风、染烫的常规认知和操作体验及固体层次的修剪基础。

五、学习目标

1. 能独立、准确地询问顾客的剪发需求，并参与小组合作制订工作计划。

2. 通过独立查询资料，能识别不同类型头发的生长特点。

3. 能正确认识、使用、维护、保养剪发工具。

4. 按照发型修剪标准，能独立使用边沿层次的修剪手法对头发层次进行处理。

5. 能按照生产商的说明，用小组合作方式，安全且卫生地选择、使用、清洁和储存所有的设备、工具和材料。

6. 能按照世界技能大赛美发项目健康与安全条例标准，合作营造并维持安全、整洁和令人愉悦的工作环境。

7. 能完成自评、互评，获取顾客反馈意见，并拍照存档。

六、学习内容

1. 职业服务规范。

2. 沟通技巧。

3. 剪发工具认知、使用、维护、消毒与保养。

4. 不同类型头发的生长特点及毛流方向。

5. 世界技能大赛美发工作环境标准。

6. 边沿层次的分区方法、修剪流程、修剪技法。

7. 美发网图片查询方法。

8. 评价标准、评价流程。

9. 发型拍照及展示技巧。

七、教学条件

1. 工具、材料、设备：镜台、工凳、推车、头模（真人模特）、支架、围布、一次性围脖、毛巾、喷水壶、剪裁梳、平头梳、鸭嘴夹、条剪、打薄剪、滑剪、剪刀包、电推剪、卡尺、扫发刷、吹风机。

2. 资料：世界技能大赛美发项目技术文件、美发师国家职业技能标准、工作页、参考书、优秀作品范例、素材网络（如美发网）。

学习工作站须具备良好的安全、照明和通风条件，可分为资讯查询区、集中教学区、方案讨论区、实训操作区、成果展示区，并配置相应的文件查询服务器和多媒体教学系统等设备设施，面积以至少同时容纳 30 人开展教学活动为宜，工位建议一人一位。

八、教学组织形式

1. 用微课组织学生小组互动或个人独立学习剪发服务规范、沟通技巧，边沿层次的分区方法、修剪技法、修剪流程，世界技能大赛美发工作环境标准等知识与技能。

2. 用岗位角色扮演的方式，让学生合作体验并完成场地环境检查、安全检查、人员考核、工作交接等工作流程与服务。

3. 组织学生学习剪发工具的认识、使用、维护、消毒与保养，不同类型头发的生长特点和毛流方向等知识与技术，并进行小组讨论与交流。

4. 按照剪发流程与技法，组织学生在头模上独立完成边沿层次修剪。

5. 以图示、修剪头模等形式，组织学生分组交流，展示学习成果。

6. 针对边沿层次修剪效果，组织学生完成过程性自评、互评，教师完成终结性评价。

九、教学流程与活动

1. 咨询顾客需求，获取修剪任务。

2. 制定边沿层次修剪任务方案。

3. 实施边沿层次修剪训练任务。

4. 展示边沿层次修剪成果。

5. 获取顾客反馈，评估学习效果。

6. 拓展边沿层次修剪技能。

教学活动策划表详见表 1-6。

表 1–6　教学活动策划表

教学活动	关键能力	学生活动	教师活动	学习内容	资源	评价点	学时	地点
教学活动 1 咨询顾客需求，获取修剪任务	1. 语言表达能力 2. 自主学习能力	1. 获取工作任务 2. 学习沟通技巧 3. 学习流行发型图片或视频检索方法 4. 模拟与顾客沟通交流 5. 填写剪发服务规范	1. 布置学习任务，提供学习资料 2. 协助学生与顾客交流 3. 解答学生疑问	1. 边沿层次修剪流程、手法、服务规范、操作要领等微课 2. 与顾客有效沟通的方法 3. 收集边沿层次修剪效果图及视频的方法	书籍、美发网、工作页	1. 填写边沿层次修剪工作页 2. 提交顾客发型修剪需求 3. 提交边沿层次发型图片	4	美发实训室
教学活动 2 制定边沿层次修剪任务方案	1. 合作、沟通能力 2. 工作计划编写能力	1. 小组进行人员分工，制定修剪方案 2. 小组选用修剪工具，交流修剪手法与流程 3. 小组提交修剪方案	1. 引导学生按角色（美发师、顾客、助理）讨论工作职能及效果、分配工作任务、制定修剪方案 2. 巡回指导小组制订工作计划 3. 进行学生差异化指导	1. 明确工作时间 2. 拟订工作计划 3. 进行人员分工 4. 协调工具与设备	修剪工具、头模、支架、工作页、多媒体	1. 工作计划具有可操作性 2. 选用修剪工具合理 3. 提交方案完善，包括完整的修剪流程	4	美发实训室

续表

教学活动	关键能力	学生活动	教师活动	学习内容	资源	评价点	学时	地点
教学活动 3 实施边沿层次修剪训练任务	1. 边沿层次修剪规范操作能力 2. 世赛标准执行能力 3. 合作能力	1. 演一演 1）美发师、助理、顾客角色 2）叙述自己所扮演角色的职能 2. 查一查 1）修剪工具、设施设备的摆放是否合规 2）工作区域健康与安全是否达标 3. 做一做 1）独立完成边沿层次修剪服务 2）小组合作收拾设备、工具，清扫场地 3）填写小组评价表	1. 提出完成任务的工作要求 2. 组织学生对修剪工具进行练手 3. 组织学生互测修剪手法 4. 组织学生完成任务实施效果评价 5. 巡回指导，实时监控	1. 选择与运用修剪工具 2. 发型分区的方法 3. 边沿层次修剪的手法、步骤等技术要领 4. 世界技能大赛美发项目健康与安全条例标准 5. 学习效果评价标准	修剪工具、修剪设备、工作页、头模、真人模特、顾客满意度调查表	1. 分区图描绘清晰、准确 2. 对不同类型头发的生长特点能准确判别 3. 修剪工具、设施设备的摆放合规 4. 对头发层次进行修剪的手法正确，符合修剪流程与标准 5. 修剪设备、工具整理及工作区域清扫达标 6. 小组协调合作 7. 顾客满意度达 80% 以上	8	美发实训室

续表

教学活动	关键能力	学生活动	教师活动	学习内容	资源	评价点	学时	地点
教学活动 4 展示边沿层次修剪成果	1. 总结能力 2. 表达能力 3. 解决问题能力	1. 边沿层次发型修剪作品展示素材准备 2. 边沿层次发型修剪作品成果展示	1. 组织学生进行成果展示 2. 点评展示效果	1. 工作成果总结方法与要素 2. 边沿层次修剪成果汇报展示技巧	修剪工具、修剪设备、真人模特、展示板	1. 小组汇报完整性 2. 各小组讨论有效性	1	美发实训室
教学活动 5 获取顾客反馈，评估学习效果	表达与沟通能力	1. 小组自评、互评 2. 获取顾客反馈信息	点评学生完成任务情况	1. 过程性自评、互评标准 2. 终结性评价标准	自评表、 互评表、 师评表	1. 修剪过程的学习态度 2. 修剪结果完成度 3. 顾客反馈信息的有效性	1	美发实训室
教学活动 6 拓展边沿层次修剪技能	1. 自主学习能力 2. 知识迁移能力	1. 课后为家人或朋友进行边沿层次的修剪 2. 修剪发型后拍照、上传至 QQ 群	1. 布置拓展任务 2. 通过微信、QQ 与学生互动，线上答疑	边沿层次修剪的扩展	QQ 群、真人模特、修剪工具	1. 规定时间完成作业情况 2. 与顾客脸型的搭配情况	课余	

十、评价内容与标准

1. 能描述顾客的剪发需求。

2. 提交1份以上流行发型图片或视频检索资料。

3. 制订的工作计划具有可操作性。

4. 对不同类型头发的生长特点能准确判别。

5. 通过参与小组合作，会安全且卫生地认识、选择、使用、清洁、维护、保养剪发的设备、工具和材料。

6. 对头发层次进行修剪的手法正确，符合修剪流程与标准。

7. 营造并维持安全、整洁和令人愉悦的工作环境，符合世界技能大赛美发项目健康与安全条例标准。

8. 能对学习成果进行展示、汇报，完成自评、互评、师评，获取顾客反馈意见，并拍照存档。

9. 能对系统学习成果进行展示、汇报。

十一、学习资料

边沿层次的修剪

（一）边沿层次的发型分析

边沿层次发型的特征是头顶部头发较长而底部头发较短，发型的重量点是在略高于鼻子的位置（见图1-10）。

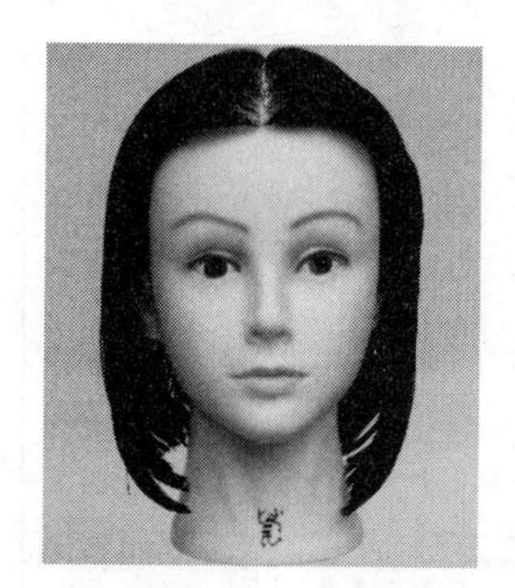
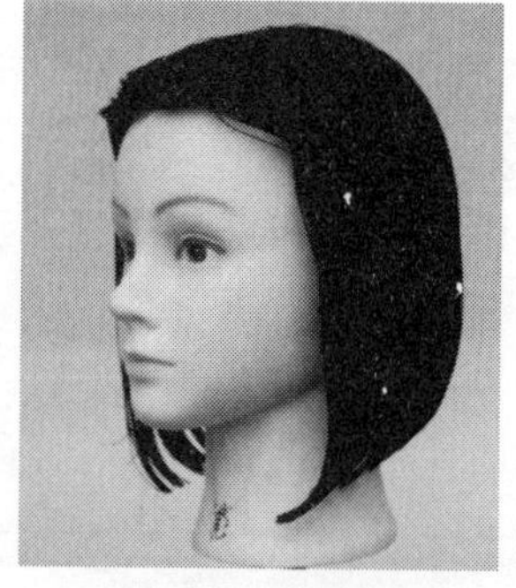

图1-10　边沿层次发型

（二）边沿层次的修剪方法（见表 1–7）

表 1–7　边沿层次的修剪方法

修剪程序	修剪方法	修剪图示	注意事项
分四区	顶部点到左、右耳上点连接一线，中心点到颈部点划分一线，这样头发被分为四个区域	3 区 4 区 1 区 2 区	修剪前一定要预先设计好修剪的最终效果，做到有计划地进行修剪
修剪引导线	按照设计意图，从 1 区底部开始，以前斜线线条进行修剪，按头发自然垂落的方向（即 0°）修剪引导线		修剪时夹发片的手指要同划分的线条平行
修剪 1 区内部层次	往上再分出 2 厘米左右的头发，以引导线的长度为标准，将发片提升 30° 进行修剪		以引导线的长度为标准，修剪时注意不要剪到引导线，否则会越剪越短
修剪上部分头发	按照划分的区域，每一层头发都要以下一片头发的长度为标准依次进行修剪，提升角度为 30°，修剪到顶部		每层发片提升的角度要准确，否则层次与层次之间会显得杂乱无章
修剪 2 区	划分后斜线线条，以 1 区后部头发的长度为标准定引导线，修剪 2 区轮廓线		左、右侧头发长度和斜度要保持一致，否则会影响剪发效果

续表

修剪程序	修剪方法	修剪图示	注意事项
修剪2区内部层次	以第一片的头发为标准进行修剪，发片提升角度为30°，修剪至顶部		修剪时要注意同1区边缘线（边缘线即发梢自然垂落聚拢形成的线条）连接，否则各区之间就会出现断层
修剪3区	拉出1区前面的一束头发，以这一束头发为标准定3区头发长度，内部层次修剪方法同1区		拉头发的力量要均匀，否则头发的长度会参差不齐
修剪4区	以3区的头发长度为标准进行修剪，修剪方法同2区		轮廓线决定整个修剪形状，所以修剪轮廓要精细、完整
整体修剪	将头发梳向与头皮成直角的方向，如有修剪不到位的地方要进行调整		用双手拉出两侧等同高度的发片，同时以同样角度拉起，查看头发长度
完成修剪	检查头发修剪情况		检查两侧是否对称，层次过渡是否柔和

任务 3 均等层次的修剪

一、工作情境描述

某美发沙龙来了一位顾客，她拿着一张明星照片，希望剪这个发型。美发师经过与顾客沟通，决定对其发型进行均等层次的修剪。均等层次的修剪是发型修剪的基本功，通过 90° 提拉发片修剪，其发型会呈现层次分明的效果。单个工作任务的完成需要 30~45 分钟。

美发师接受任务后，根据美发沙龙剪发流程，选用正确的修剪工具、分区技法、修剪手法等，按照世赛健康与安全标准准备工作环境，并遵循美发师国家行业标准，实施均等层次的修剪。

二、学习任务描述

在教师的指导下，学生执行世界技能大赛美发项目技术文件（健康与安全）标准与美发师职业标准，通过小组合作方式模拟接待、询问顾客，获取任务，制订修剪工作计划，认知、使用与维护剪发工具，整理、清洁剪发工作区域，实施生活发式均等层次的修剪，并在完成任务后拍照、展示、存档，获取顾客反馈。

三、与其他学习任务的关系

均等层次的修剪是边沿层次的修剪等学习任务的延展，是渐增层次的修剪等学习任务的基础，通过完成该学习任务，能强化学生对发型作业流程、作业规范的认知，提升学生的责任意识、场地管理意识，树立职业自豪感，从而让其他学习任务的开展更具规范性与职业性。

四、学生基础

具备一定的美发行业认知，具有头发洗护、吹风、染烫的常规认知和操作体验及边沿层次的修剪基础。

五、学习目标

1. 能独立、准确地询问顾客的剪发需求，并参与小组合作制订工作计划。

2. 通过独立查询资料，能识别不同类型头发的生长特点。

3. 能正确认识、使用、维护、保养剪发工具。

4. 按照发型修剪标准，能独立使用均等层次的修剪手法对头发层次进行处理。

5. 能按照生产商的说明，用小组合作方式，安全且卫生地选择、使用、清洁和储存所有的设备、工具和材料。

6. 能按照世界技能大赛美发项目健康与安全条例标准，合作营造并维持安全、整洁和令人愉悦的工作环境。

7. 能完成自评、互评，获取顾客反馈意见，并拍照存档。

六、学习内容

1. 职业服务规范。

2. 沟通技巧。

3. 剪发工具认知、使用、维护、消毒与保养。

4. 不同类型头发的生长特点及毛流方向。

5. 世界技能大赛美发工作环境标准。

6. 均等层次的分区方法、修剪流程、修剪技法。

7. 美发网图片查询方法。

8. 评价标准、评价流程。

9. 发型拍照及展示技巧。

七、教学条件

1. 工具、材料、设备：镜台、工凳、推车、头模（真人模特）、支架、围布、一次性围脖、毛巾、喷水壶、剪裁梳、平头梳、鸭嘴夹、条剪、打薄剪、滑剪、剪刀包、电推剪、卡尺、扫发刷、吹风机。

2. 资料：世界技能大赛美发项目技术文件、美发师国家职业技能标准、工作页、参考书、优秀作品范例、素材网络（如美发网）。

学习工作站须具备良好的安全、照明和通风条件，可分为资讯查询区、集中教学区、方案讨论区、实训操作区、成果展示区，并配置相应的文件查询服务器和多媒体教学系统等设备设施，面积以至少同时容纳 30 人开展教学活动为宜，工位建议一人一位。

八、教学组织形式

1. 用微课组织学生小组互动或个人独立学习剪发服务规范、沟通技巧，均等层次的分区方法、修剪技法、修剪流程，世界技能大赛美发工作环境标准等知识与技能。

2. 用岗位角色扮演的方式，让学生合作体验并完成场地环境检查、安全检查、人员考核、工作交接等工作流程与服务。

3. 组织学生学习剪发工具的认识、使用、维护、消毒与保养，不同类型头发的生长特点和毛流方向等知识与技术，并进行小组讨论与交流。

4. 按照剪发流程与技法，组织学生在头模上独立完成均等层次修剪。

5. 以图示、修剪头模等形式，组织学生分组交流、展示学习成果。

6. 针对均等层次修剪效果，组织学生完成过程性自评、互评，教师完成终结性评价。

九、教学流程与活动

1. 咨询顾客需求，获取修剪任务。

2. 制定均等层次修剪任务方案。

3. 实施均等层次修剪训练任务。

4. 展示均等层次修剪成果。

5. 获取顾客反馈，评估学习效果。

6. 拓展均等层次修剪技能。

教学活动策划表详见表 1-8。

表 1-8　教学活动策划表

教学活动	关键能力	学生活动	教师活动	学习内容	资源	评价点	学时	地点
教学活动 1 咨询顾客需求，获取修剪任务	1. 语言表达能力 2. 自主学习能力	1. 获取工作任务 2. 学习沟通技巧 3. 学习流行发型图片或视频检索方法 4. 模拟与顾客沟通交流 5. 填写剪发服务规范	1. 布置学习任务，提供学习资料 2. 协助学生与顾客交流 3. 解答学生疑问	1. 均等层次修剪流程、手法、服务规范、操作要领等微课 2. 与顾客有效沟通的方法 3. 收集均等层次修剪效果图的方法	书籍、美发网、工作页	1. 填写均等层次修剪工作页 2. 提交顾客发型修剪需求 3. 提交均等层次发型图片	4	美发实训室
教学活动 2 制定均等层次修剪任务方案	1. 合作、沟通能力 2. 工作计划编写能力	1. 小组进行人员分工，制定修剪方案 2. 小组选用修剪工具，交流修剪手法与流程 3. 小组提交修剪方案	1. 引导学生按角色（美发师、顾客、助理）讨论工作职能、分配工作任务、制定修剪方案 2. 巡回指导小组制订工作计划 3. 进行学生差异化指导	1. 明确工作时间 2. 拟订工作进度计划 3. 进行人员分工 4. 协调工具与设备	修剪工具、头模、支架、工作页、多媒体	1. 工作计划具有可操作性 2. 选用修剪工具合理 3. 提交方案完善，包括完整的修剪流程	4	美发实训室

续表

教学活动	关键能力	学生活动	教师活动	学习内容	资源	评价点	学时	地点
教学活动 3 实施均等层次修剪训练任务	1. 均等层次修剪规范操作能力 2. 世赛标准执行能力 3. 合作能力	1. 演一演 1）美发师、助理、顾客角色 2）叙述自己所扮演角色的职能 2. 查一查 1）修剪工具、设施设备的摆放是否合规 2）工作区域健康与安全是否达标 3. 做一做 1）独立完成均等层次修剪服务 2）小组合作收拾设备、工具，清扫场地 3）填写小组评价表	1. 提出完成任务的工作要求 2. 组织学生对修剪工具进行练手 3. 组织学生互测修剪手法 4. 组织学生完成任务实施效果评价 5. 巡回指导，实时监控	1. 选择与运用修剪工具 2. 发型分区的方法 3. 均等层次修剪的手法、步骤等技术要领 4. 世界技能大赛美发项目健康与安全条例标准 5. 学习效果评价标准	修剪工具、修剪设备、工作页、头模、真人模特、顾客满意度调查表	1. 分区图描绘清晰、准确 2. 对不同类型头发的生长特点能准确判别 3. 修剪工具、设施设备的摆放合规 4. 对头发层次进行修剪的手法正确，符合修剪流程与标准 5. 修剪设备、工具整理及工作区域清扫达标 6. 小组协调合作 7. 顾客满意度达 80% 以上	12	美发实训室

续表

教学活动	关键能力	学生活动	教师活动	学习内容	资源	评价点	学时	地点
教学活动 4 展示均等层次修剪成果	1. 总结能力 2. 表达能力 3. 解决问题能力	1. 均等层次发型修剪作品展示素材准备 2. 均等层次发型修剪作品成果展示	1. 组织学生进行成果展示 2. 点评展示效果	1. 工作成果总结方法与要素 2. 均等层次修剪成果汇报展示技巧	修剪工具、修剪设备、真人模特、展示板	1. 小组汇报完整性 2. 各小组讨论有效性	1	美发实训室
教学活动 5 获取顾客反馈，评估学习效果	表达与沟通能力	1. 小组自评、互评 2. 获取顾客反馈信息	点评学生完成任务情况	1. 过程性自评、互评标准 2. 终结性评价标准	自评表、互评表、师评表	1. 修剪过程的学习态度 2. 修剪结果完成度 3. 顾客反馈信息的有效性	1	美发实训室
教学活动 6 拓展均等层次修剪技能	1. 自主学习能力 2. 知识迁移能力	1. 课后为家人或朋友进行均等层次的修剪 2. 修剪发型后拍照、上传至 QQ 群	1. 布置拓展任务 2. 通过微信、QQ 与学生互动，线上答疑	均等层次修剪的扩展	QQ 群、真人模特、修剪工具	1. 规定时间完成作业情况 2. 与顾客脸型的搭配情况	课余	

十、评价内容与标准

1. 会描述顾客的剪发需求。

2. 提交 1 份以上流行发型图片或视频检索资料。

3. 制订的工作计划具有可操作性。

4. 对不同类型头发的生长特点能准确判别。

5. 通过参与小组合作，会安全且卫生地认识、选择、使用、清洁、维护、保养剪发的设备、工具和材料。

6. 对头发层次进行修剪的手法正确，符合修剪流程与标准。

7. 营造并维持安全、整洁和令人愉悦的工作环境，符合世界技能大赛美发项目健康与安全条例标准。

8. 能对学习成果进行展示、汇报，完成自评、互评、师评，获取顾客反馈意见，并拍照存档。

9. 能对系统学习成果进行展示、汇报。

十一、学习资料

均等层次的修剪

（一）均等层次的发型分析

均等层次发型的特征是所有头发长度一样，整体轮廓较圆滑但表面纹理不平滑（见图 1-11）。

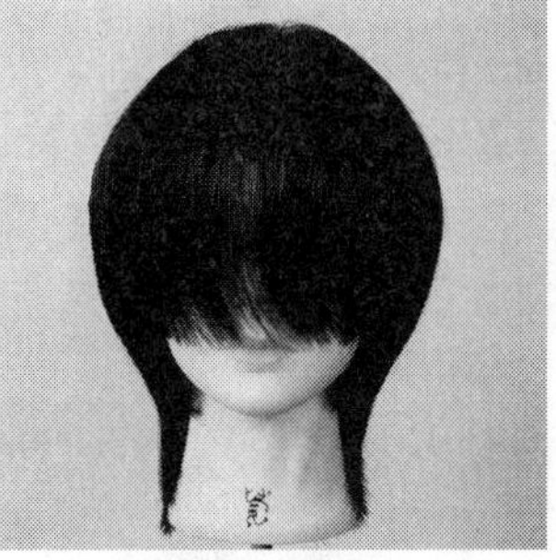

图 1-11　均等层次发型

（二）均等层次的修剪方法（见表 1–9）

表 1–9　均等层次的修剪方法

修剪程序	修剪方法	修剪图示	注意事项
分五区	将头发分成五区，左、右、前侧点连接顶部点为5区，顶部点连接左、右耳上点为3区、4区，顶部点连接枕骨点为1区、2区	5区 3区 4区 1区 2区	夹好每一区的头发，以免影响修剪操作
修剪1区引导线	从1区顶部中心点拿起一束头发定引导线		先设计好引导线的长度再修剪
修剪1区	将1区以放射线划分线条，以划分的线条为标准抓出发片，以引导线为标准将发片提拉90°进行修剪		1. 修剪时，手指要同放射线线条平行 2. 修剪时一定要以90°提拉发片
修剪2区	划分放射线线条，以1区修剪好的头发为引导线逐层进行修剪，完成2区的修剪		每层发片都要从中心点开始修剪
修剪3区、4区	3区、4区修剪方法同1区、2区		修剪每一片头发时都要以中心点头发的长度为标准进行修剪

续表

修剪程序	修剪方法	修剪图示	注意事项
修剪 5 区	定刘海长度，连接顶部头发	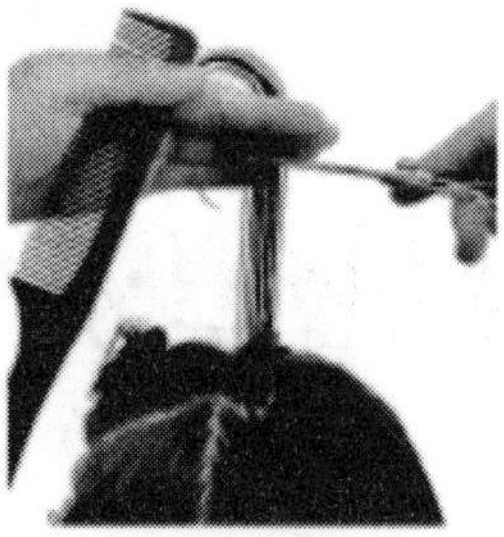	修剪时手指要同线条平行
修剪边线	将两侧的头发划分前斜线线条，定鬓角的长度，然后同上边的头发连接	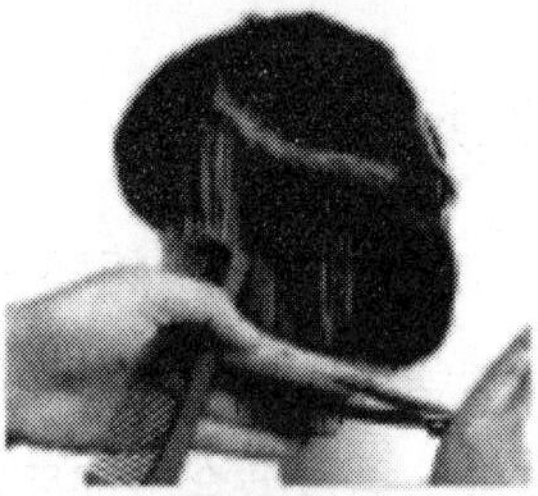	修剪时拉发片的力度要一致，否则头发会长短不一
整体修剪	将头发梳向与头皮成直角的方向，检查修剪效果，有问题应进行调整	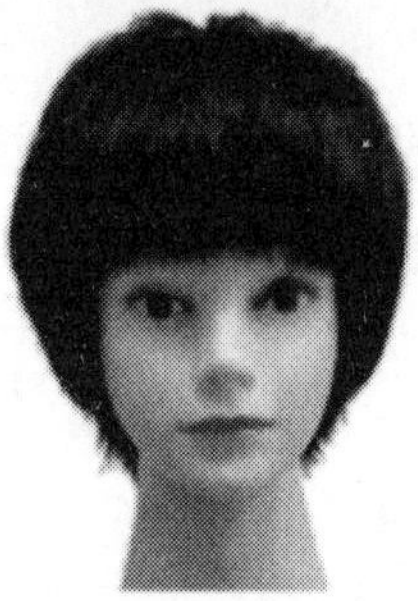	检查头发的轮廓线是否符合设计的要求，检查头发的长短是否一致、薄厚是否均匀

任务 4 渐增层次的修剪

一、工作情境描述

某美发沙龙来了一位舞蹈演员，她想要一个动感发型。美发师经过与顾客沟通，决定对其发型进行渐增层次的修剪。渐增层次的修剪是发型修剪的基本功，通过 90° ~180° 提拉发片修剪，其发型会呈现层次高、重量轻的效果。单个工作任务的完成需要 30~45 分钟。

美发师接受任务后，根据美发沙龙剪发流程，选用正确的修剪工具、分区技法、修剪手法等，按照世赛健康与安全标准准备工作环境，并遵循美发师国家行业标准，实施渐增层次的修剪。

二、学习任务描述

在教师的指导下，学生执行世界技能大赛美发项目技术文件（健康与安全）标准与美发师职业标准，通过小组合作方式模拟接待、询问顾客，获取任务，制订修剪工作计划，认知、使用与维护剪发工具，整理、清洁剪发工作区域，实施生活发式渐增层次的修剪，并在完成任务后拍照、展示、存档，获取顾客反馈。

三、与其他学习任务的关系

渐增层次的修剪是均等层次的修剪等学习任务的延展，通过完成该学习任务，能强化学生对发型作业流程、作业规范的认知，提升学生的责任意识、场地管理意识，树立职业自豪感，从而让其他学习任务的开展更具规范性与职业性。

四、学生基础

具备一定的美发行业认知，具有头发洗护、吹风、染烫的常规认知和操作体验及均等层次的修剪基础。

五、学习目标

1. 能独立、准确地询问顾客的剪发需求，并参与小组合作制订工作计划。

2. 通过独立查询资料，能识别不同类型头发的生长特点。

3. 能正确认识、使用、维护、保养剪发工具。

4. 按照发型修剪标准，能独立使用渐增层次的修剪手法对头发层次进行处理。

5. 能按照生产商的说明，用小组合作方式，安全且卫生地选择、使用、清洁和储存所有的设备、工具和材料。

6. 能按照世界技能大赛美发项目健康与安全条例标准，合作营造并维持安全、整洁和令人愉悦的工作环境。

7. 能完成自评、互评，获取顾客反馈意见，并拍照存档。

六、学习内容

1. 职业服务规范。

2. 沟通技巧。

3. 剪发工具认知、使用、维护、消毒与保养。

4. 不同类型头发的生长特点及毛流方向。

5. 世界技能大赛美发工作环境标准。

6. 渐增层次的分区方法、修剪流程、修剪技法。

7. 美发网图片查询方法。

8. 评价标准、评价流程。

9. 发型拍照及展示技巧。

七、教学条件

1. 工具、材料、设备：镜台、工凳、推车、头模（真人模特）、支架、围布、一次性围脖、毛巾、喷水壶、剪裁梳、平头梳、鸭嘴夹、条剪、打薄剪、滑剪、剪刀包、电推剪、卡尺、扫发刷、吹风机。

2. 资料：世界技能大赛美发项目技术文件、美发师国家职业技能标准、工作页、参考书、优秀作品范例、素材网络（如美发网）。

学习工作站须具备良好的安全、照明和通风条件，可分为资讯查询区、集中教学区、方案讨论区、实训操作区、成果展示区，并配置相应的文件查询服务器和多媒体教学系统等设备设施，面积以至少同时容纳 30 人开展教学活动为宜，工位建议一人一位。

八、教学组织形式

1. 用微课组织学生小组互动或个人独立学习剪发服务规范、沟通技巧，渐增层次的分区方法、修剪技法、修剪流程，世界技能大赛美发工作环境标准等知识与技能。

2. 用岗位角色扮演的方式，让学生合作体验并完成场地环境检查、安全检查、人员考核、工作交接等工作流程与服务。

3. 组织学生学习剪发工具的认识、使用、维护、消毒与保养，不同类型头发的生长特点和毛流方向等知识与技术，并进行小组讨论与交流。

4. 按照剪发流程与技法，组织学生在头模上独立完成渐增层次修剪。

5. 以图示、修剪头模等形式，组织学生分组交流、展示学习成果。

6. 针对渐增层次修剪效果，组织学生完成过程性自评、互评，教师完成终结性评价。

九、教学流程与活动

1. 咨询顾客需求，获取修剪任务。

2. 制定渐增层次修剪任务方案。

3. 实施渐增层次修剪训练任务。

4. 展示渐增层次修剪成果。

5. 获取顾客反馈，评估学习效果。

6. 拓展渐增层次修剪技能。

教学活动策划表详见表 1-10。

表 1-10　教学活动策划表

教学活动	关键能力	学生活动	教师活动	学习内容	资源	评价点	学时	地点
教学活动 1 咨询顾客需求，获取修剪任务	1. 语言表达能力 2. 自主学习能力	1. 获取工作任务 2. 学习沟通技巧 3. 学习流行发型图片或视频检索方法 4. 模拟与顾客沟通交流 5. 填写剪发服务规范	1. 布置学习任务，提供学习资料 2. 协助学生与顾客交流 3. 解答学生疑问	1. 渐增层次修剪流程、手法、服务规范、操作要领等微课 2. 与顾客有效沟通的方法 3. 收集渐增层次修剪效果图及视频的方法	书籍、美发网、工作页	1. 填写渐增层次修剪工作页 2. 提交顾客发型修剪需求 3. 提交渐增层次发型图片	4	美发实训室
教学活动 2 制定渐增层次修剪任务方案	1. 合作、沟通能力 2. 工作计划编写能力	1. 小组进行人员分工，制定修剪方案 2. 小组选用修剪工具，交流修剪手法与流程 3. 小组提交修剪方案	1. 引导学生按角色（美发师、顾客、助理）讨论工作职能、分配工作任务、制定修剪方案 2. 巡回指导小组制订工作计划 3. 进行学生差异化指导	1. 明确工作时间 2. 拟订工作计划 3. 进行人员分工 4. 协调工具与设备	修剪工具、头模、支架、工作页、多媒体	1. 工作计划具有可操作性 2. 选用修剪工具合理 3. 提交方案完善，包括完整的修剪流程	4	美发实训室

续表

教学活动	关键能力	学生活动	教师活动	学习内容	资源	评价点	学时	地点
教学活动3 实施渐增层次修剪训练任务	1. 渐增层次修剪规范操作能力 2. 世赛标准执行能力 3. 合作能力	1. 演一演 1）美发师、助理、顾客角色 2）叙述自己所扮演角色的工作职能 2. 查一查 1）修剪工具、设施设备的摆放是否合规 2）工作区域健康与安全是否达标 3. 做一做 1）独立完成渐增层次修剪服务 2）小组合作收拾设备、工具，清扫场地 3）填写小组评价表	1. 提出完成任务的工作要求 2. 组织学生对修剪工具进行练手 3. 组织学生互测修剪手法 4. 组织学生完成任务实施效果评价 5. 巡回指导，实时监控	1. 选择与运用修剪工具 2. 发型分区的方法 3. 渐增层次修剪的手法、步骤等技术要领 4. 世界技能大赛美发项目健康与安全条例标准 5. 学习效果评价标准	修剪工具、修剪设备、工作页、头模、真人模特、顾客满意度调查表	1. 分区图描绘清晰、准确 2. 对不同类型头发的生长特点能准确判别 3. 修剪工具、设施设备的摆放合规 4. 对头发层次进行修剪的手法正确，符合修剪流程与标准 5. 修剪设备、工具整理及工作区域清扫达标 6. 小组协调合作 7. 顾客满意度达 80% 以上	12	美发实训室

续表

教学活动	关键能力	学生活动	教师活动	学习内容	资源	评价点	学时	地点
教学活动 4 展示渐增层次修剪成果	1. 总结能力 2. 表达能力 3. 解决问题能力	1. 渐增层次发型修剪作品展示素材准备 2. 渐增层次发型修剪作品成果展示	1. 组织学生进行成果展示 2. 点评展示效果	1. 工作成果总结方法与要素 2. 渐增层次修剪成果汇报展示技巧	修剪工具、修剪设备、真人模特、展示板	1. 小组汇报完整性 2. 各小组讨论有效性	1	美发实训室
教学活动 5 获取顾客反馈，评估学习效果	表达与沟通能力	1. 小组自评、互评 2. 获取顾客反馈信息	点评学生完成任务情况	1. 过程性自评、互评标准 2. 终结性评价标准	自评表、互评表、师评表	1. 修剪过程的学习态度 2. 修剪结果完成度 3. 顾客反馈信息的有效性	1	美发实训室
教学活动 6 拓展渐增层次修剪技能	1. 自主学习能力 2. 知识迁移能力	1. 课后为家人或朋友进行渐增层次的修剪 2. 修剪发型后拍照、上传至 QQ 群	1. 布置拓展任务 2. 通过微信、QQ 与学生互动，线上答疑	渐增层次修剪的扩展	QQ 群、真人模特、修剪工具	1. 规定时间完成作业情况 2. 与顾客脸型的搭配情况	课余	

十、评价内容与标准

1. 会描述顾客的剪发需求。

2. 提交 1 份以上流行发型图片或视频检索资料。

3. 制订的工作计划具有可操作性。

4. 对不同类型头发的生长特点能准确判别。

5. 通过参与小组合作，会安全且卫生地认识、选择、使用、清洁、维护、保养剪发的设备、工具和材料。

6. 对头发层次进行修剪的手法正确，符合修剪流程与标准。

7. 营造并维持安全、整洁和令人愉悦的工作区域，符合世界技能大赛美发项目健康与安全条例标准。

8. 能对学习成果进行展示、汇报，完成自评、互评、师评，获取顾客反馈意见，并拍照存档。

9. 能对系统学习成果进行展示、汇报。

十一、学习资料

渐增层次的修剪

（一）渐增层次的发型分析

渐增层次是一种完全不平滑的发型，特征是头顶部头发短而底部头发长，发梢轻而薄（见图 1-12）。

图 1-12　渐增层次发型

（二）渐增层次的修剪方法（见表 1–11）

表 1–11　渐增层次的修剪方法

修剪程序	修剪方法	修剪图示	注意事项
修剪轮廓线	将头发梳顺，从后部开始将头发剪齐。两侧的头发向前倾斜，使轮廓线呈圆形		定引导线时，首先要预设好头发的长度，根据所设计的长度进行修剪
分六区	将头发分成六区	6 区 3 区 4 区 5 区 1 区 2 区	分出发片后将头发用发夹夹好，以免影响修剪
修剪 1 区	从底部开始，先修剪 1 区，取后颈中央部位头发，竖线划分线条，以引导线为标准，发片与头肌的夹角为 90°，手指与发片垂直进行修剪		修剪头发时，一定要以引导线为标准，不要剪到甚至剪过引导线，否则会越剪越短
修剪 1 区、2 区内层次	修剪 2 区发片，划分放射线线条，以 1 区引导线为标准进行修剪，提升角度为 120°、90°。其他发片以同样的方法进行修剪，2 区修剪方法同 1 区		发片修剪过程中，随着一层层向上修剪，头发会越来越短
修剪 3 区、4 区	修剪 3 区的头发，以邻近修剪好的头发为引导线进行修剪，一直修剪到顶部。4 区修剪方法同 3 区		修剪到耳朵部位时，发片不要夹得太紧，否则耳朵部位的头发会变短

续表

修剪程序	修剪方法	修剪图示	注意事项
修剪 5 区	将顶部的头发拉出水平层次修剪，修剪发角，连接侧面及后面头发	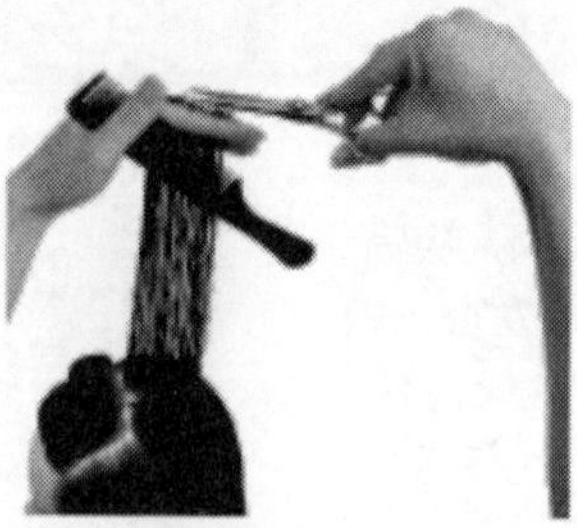	修剪顶部时可根据设计的发型来决定顶部头发的长度，若要头发蓬松，定的引导线可短一些
修剪 6 区	定发帘长度，连接顶部头发	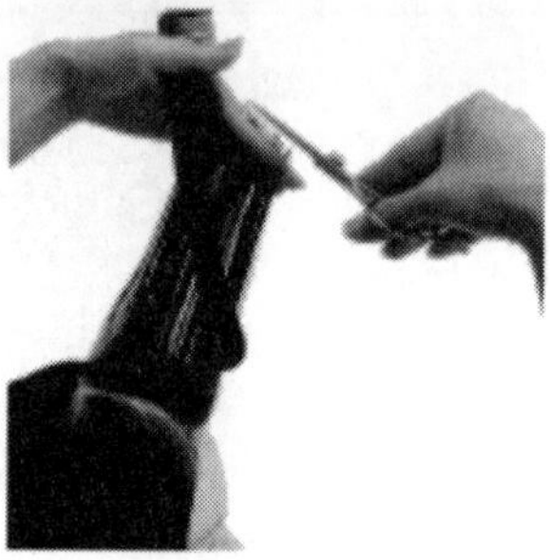	发帘的长度可根据设计要求而定
检查修剪效果	将全部头发向下梳，修剪轮廓线		检查层次时，只对出现发角的头发进行修剪。检查头发的整体轮廓是否达到了设计要求，头发的长短是否一致、薄厚是否均匀

模块二

发型刘海的修剪

任务 1
“一”字型刘海的修剪

一、工作情境描述

某美发沙龙来了一位年轻女士，刘海已经 2 个月未剪。美发师经过与顾客交流，得知顾客的愿望，决定为她修剪“一”字型刘海。单个工作任务的完成需要 45 分钟。

美发师接受任务后，根据美发沙龙剪发工作流程，确定修剪方案，选用正确的修剪工具、分区技法、修剪手法等，按照世赛健康与安全标准准备工作环境，并遵循美发师国家行业标准，在规定时间内实施“一”字型刘海的修剪。

二、学习任务描述

在教师的指导下，学生执行世界技能大赛美发项目技术文件（健康与安全）标准与美发师职业标准，通过小组合作方式模拟接待、询问顾客，获取任务，制订修剪工作计划，使用与维护剪发工具，整理、清洁剪发工作区域，实施生活发式修剪中“一”字型刘海的修剪，并在任务完成后拍照、展示、存档，获取顾客反馈。

三、与其他学习任务的关系

在发型层次的修剪基础之上进行本次学习任务，同时为小“V”型刘海的修剪等学习任务奠定基础。完成该学习任务，能强化学生对作业流程、作业规范的认知，提升学生的责任意识、场地管理意识，树立职业自豪感，从而让其他学习任务的开展更具规范性与职业性。

四、学生基础

具备一定的美发行业认知，具有固定层次、边缘层次、均等层次、渐增层次等发型修剪基础和操作体验。

五、学习目标

1. 能独立、准确地询问顾客的剪发需求，并参与小组合作制订工作计划。
2. 通过独立查询资料，能识别不同类型头发的生长特点。
3. 能正确认识、使用、维护、保养剪发工具。
4. 按照刘海分区的标准，能独立使用三分区的手法对头颅进行分区。
5. 按照刘海修剪标准，能独立使用“一”字型刘海的修剪手法对刘海进行修剪。
6. 能按照世界技能大赛美发项目健康与安全条例标准，合作营造并维持安全、整洁和令人愉悦的工作区域。
7. 能完成自评、互评，获取顾客反馈意见，并拍照存档。

六、学习内容

1. 职业服务规范。
2. 沟通技巧。
3. 剪发工具认知、使用、维护、消毒与保养。
4. 不同类型头发的生长特点，刘海的种类及特点。
5. 世界技能大赛美发工作环境标准。
6. “一”字型刘海修剪的分区方法、修剪流程、修剪技法。
7. 美发网图片查询方法。
8. 评价标准、评价流程。
9. 发型拍照及展示技巧。

七、教学条件

1. 工具、材料、设备：镜台、工凳、推车、头模（真人模特）、支架、围布、一次性围脖、毛巾、喷水壶、剪裁梳、鸭嘴夹、条剪、打薄剪、滑剪、剪刀包、扫发刷、吹风机。

2. 资料：世界技能大赛美发项目技术文件、美发师国家职业技能标准、工作页、参考书、优秀作品范例、素材网络（如美发网）。

学习工作站须具备良好的安全、照明和通风条件，可分为资讯查询区、集中教学区、方案讨论区、实训操作区、成果展示区，并配置相应的文件查询服务器和多媒体教学系统等设备设施，面积以至少同时容纳 30 人开展教学活动为宜，工位建议一人一位。

八、教学组织形式

1. 用微课组织学生小组互动或个人独立学习剪发服务规范、沟通技巧，“一”字型刘海的分区方法、修剪技法、修剪流程，世界技能大赛美发工作环境标准等知识与技能。

2. 用岗位角色扮演的方式，让学生合作体验并完成场地环境检查、安全检查、人员考核、工作交接等工作流程与服务。

3. 组织学生学习剪发工具的使用、维护、消毒与保养，不同类型头发的刘海种类和特点等知识与技术，并进行小组讨论与交流。

4. 按照剪发流程与技法，组织学生在头模和真人头上独立完成“一”字型刘海修剪。

5. 以图示、修剪头模等形式，组织学生分组交流、展示学习成果。

6. 针对“一”字型刘海修剪效果，组织学生完成过程性自评、互评，教师完成终结性评价，通过演示、现场操作、PPT 展示、录像等形式，向全班展示、汇报学习成果。

九、教学流程与活动

1. 明确学习任务。

2. 调动学习气氛。

3. 咨询顾客需求，获取修剪任务。

4. 制定“一”字型刘海修剪任务方案。

5. 实施“一”字型刘海修剪训练任务。

6. 展示“一”字型刘海修剪成果。

7. 获取顾客反馈，评估学习效果。

8. 拓展“一”字型刘海修剪技能。

教学活动策划表详见表 2-1。

表 2-1　教学活动策划表

教学活动	关键能力	学生活动	教师活动	学习内容	资源	评价点	学时	地点
教学活动 1 明确学习任务	1. 自主学习能力 2. 信息处理能力	1. 观看微视频 2. 填写工作页	1. 提前 3 天下发学习任务、上传微视频、发放学习工作页 2. 通过微信、QQ 与学生互动，线上答疑	1.“一”字型刘海修剪的分区、技法和流程 2. 收集“一”字型刘海修剪效果图的方法	“一”字型刘海修剪微视频、课前工作页、QQ 群、妙境界 APP	1. 课前工作页填写是否规范 2.“一”字型刘海图片是否收集准确	课余	
教学活动 2 调动学习气氛	1. 沟通、合作能力 2. 自查能力	1. 整理仪容仪表 2. 跳剪发操 3. 检查工具、环境	1. 组织整队，检查仪容仪表 2. 带领全体人员跳剪发操 3. 协助分组，强调工作岗位的要求与素养	1. 美发师职业规范与素养 2. 美发沙龙环境卫生标准	多媒体设备、自编剪发操	1. 仪容仪表是否规范 2. 课前跳操活动与企业要求的符合度 3. 课前工具、环境的检查	1	美发实训室
教学活动 3 咨询顾客需求，获取修剪任务	1. 语言表达能力 2. 自主学习能力	1. 获取工作任务 2. 学习沟通技巧 3. 学习流行发型图片或视频检索方法 4. 模拟与顾客沟通交流 5. 填写剪发服务规范	1. 布置学习任务，提供学习资料 2. 协助学生与顾客交流 3. 解答学生疑问	1.“一”字型刘海修剪流程、手法、服务规范、操作要领等微课 2. 与顾客有效沟通的方法	书籍、美发网、工作页	1. 填写“一”字型刘海修剪工作页 2. 提交顾客发型修剪需求 3. 提交“一”字型刘海发型图片	4	美发实训室

续表

教学活动	关键能力	学生活动	教师活动	学习内容	资源	评价点	学时	地点
教学活动4 制定“一”字型刘海修剪任务方案	1. 合作、沟通能力 2. 工作计划编写能力	1. 小组进行人员分工，制定修剪方案 2. 小组选用修剪工具，交流修剪手法与流程 3. 小组提交修剪方案	1. 引导学生按岗位角色（美发师、顾客、助理）讨论工作职能、分配工作任务、制定修剪方案 2. 巡回指导小组制订工作计划 3. 进行学生差异化指导	1. 明确工作时间 2. 拟订工作计划 3. 进行人员分工 4. 协调工具与设备	修剪工具、头模、支架、工作页、多媒体	1. 工作计划具有可操作性 2. 选用修剪工具合理 3. 提交方案完善，包括完整的修剪流程	4	美发实训室
教学活动5 实施“一”字型刘海修剪训练任务	1.“一”字型刘海修剪规范操作能力 2. 世赛标准执行能力 3. 合作能力	1. 演一演 1）美发师、助理、顾客角色 2）叙述自己所扮演角色的职能 2. 查一查 1）修剪工具、设施设备的摆放是否合规 2）工作区域健康与安全是否达标 3. 做一做 1）独立完成“一”字型刘海修剪服务	1. 提出完成任务的工作要求 2. 组织学生对修剪工具进行练手 3. 组织学生互测修剪手法	1. 选择与运用修剪工具 2. 发型分区的方法 3.“一”字型刘海修剪的手法、步骤等技术要领	修剪工具、修剪设备、工作页、头模、真人模特、顾客满意度调查表	1. 分区图描绘清晰、准确 2. 对不同类型头发的生长特点能准确判别 3. 修剪工具、设施设备的摆放合规 4. 对刘海进行修剪的手法正确，符合修剪流程与标准	8	美发实训室

续表

教学活动	关键能力	学生活动	教师活动	学习内容	资源	评价点	学时	地点
教学活动 5 实施“一”字型刘海修剪训练任务		2）小组合作收拾设备、工具，清扫场地 3）填写小组评价表	4. 组织学生完成任务实施效果评价 5. 巡回指导，实时监控	4. 世界技能大赛美发项目健康与安全条例标准 5. 学习效果评价标准		5. 修剪设备、工具的整理及工作区域的清扫达标 6. 小组协调合作 7. 顾客满意度达 80% 以上		
教学活动 6 展示“一”字型刘海修剪成果	1. 总结能力 2. 交流能力 3. 解决问题能力	1.“一”字型刘海修剪作品展示素材准备 2.“一”字型刘海修剪作品成果展示	1. 组织学生进行成果展示 2. 点评展示效果	1. 工作成果总结方法与要素 2.“一”字型刘海修剪成果汇报展示技巧	修剪工具、修剪设备、真人模特、展示板	1. 小组汇报完整性 2. 各小组讨论有效性	1	美发实训室
教学活动 7 获取顾客反馈，评估学习效果	表达与沟通能力	1. 小组自评、互评 2. 获取顾客反馈信息	点评学生完成任务情况	1. 过程性自评、互评标准 2. 终结性评价标准	自评表、互评表、师评表	1. 修剪过程的学习态度 2. 修剪结果的完成度 3. 顾客反馈信息的有效性	1	美发实训室
教学活动 8 拓展“一”字型刘海修剪技能	1. 自主学习能力 2. 知识迁移能力	1. 课后为家人或朋友进行“一”字型刘海的修剪 2. 修剪发型后拍照、上传至 QQ 群	1. 布置拓展任务 2. 通过微信、QQ 与学生互动，线上答疑	“一”字型刘海修剪的扩展	QQ 群、真人模特、修剪工具	1. 规定时间完成作业情况 2. 与顾客脸型的搭配情况	课余	

十、评价内容与标准

1. 会描述顾客对刘海的修剪需求。

2. 提交1份以上“一”字型刘海图片或视频检索资料。

3. 制订的工作计划具有可操作性。

4. 对不同类型头发、脸型、头发生长的特点及刘海的特点和种类能准确判别。

5. 通过参与小组合作，会安全且卫生地选择、使用、清洁、维护、保养剪发的设备、工具和材料。

6. 对刘海进行修剪的手法正确，符合修剪流程与标准。

7. 营造并维持安全、整洁和令人愉悦的工作区域，符合世界技能大赛美发项目健康与安全条例标准。

8. 能对学习成果进行展示、汇报，完成自评、互评、师评，获取顾客反馈意见，并拍照存档。

9. 能对系统学习成果进行展示、汇报。

十一、学习资料

“一”字型刘海的修剪

（一）“一”字型刘海的发型特征

刘海是指垂在前额的短发，它可以修饰各种脸型，同时也有减龄的效果。刘海可以分为“一”字型刘海、小“V”型刘海、斜向“C”线刘海等，应根据顾客脸型、发质和需求，设定不同样式的刘海。

“一”字型刘海也称齐刘海，其特点是线条干净、硬朗，可以突显脸型，也可以修饰额头的高度和不规则的发际线（见图2-1）。

（二）“一”字型刘海的修剪流程

1. 刘海的分区

从刘海深度点到额头正面与侧面转换点（即两只眼睛的外眼角）进行分区（见图2-2）。

图 2-1 “一”字型刘海

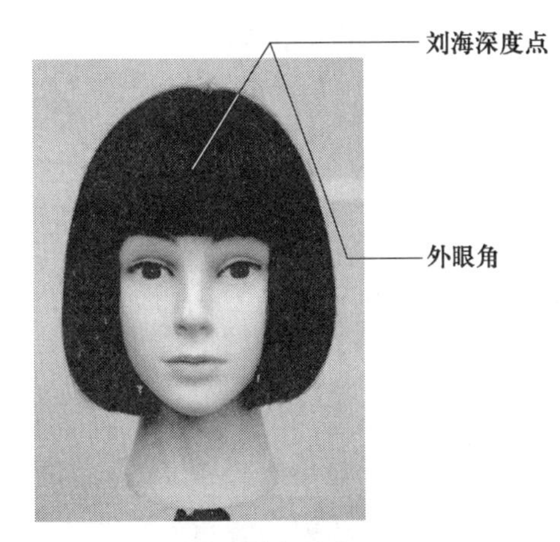

图 2-2 “一”字型刘海的分区

2. 刘海的修剪

从刘海深度点至两个内眼角分取第一片发片，然后以平剪的手法进行低角度修剪，见图 2-3、图 2-4。

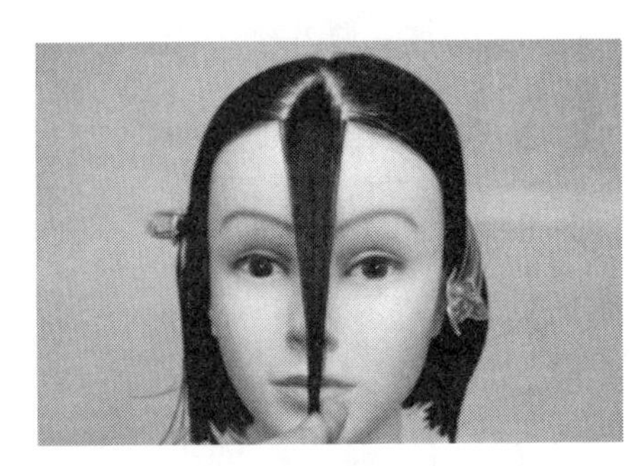

图 2-3

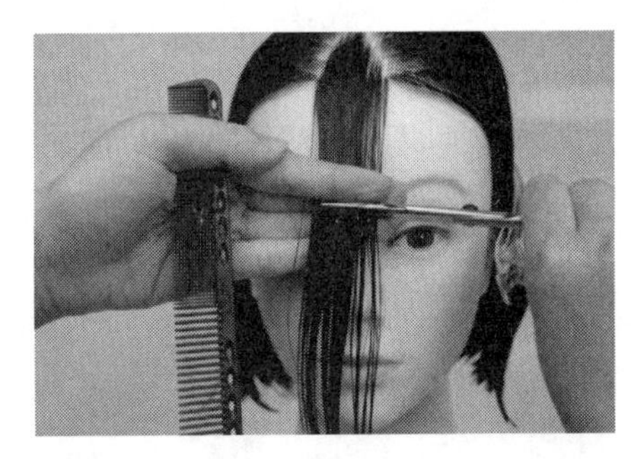

图 2-4

从刘海深度点至左侧外瞳孔处分取第二片发片，将第一片发片竖分出一半作为引导，然后以平剪的手法进行低角度修剪。注意修剪额头处头发时，需沿着额头的弧度摆放手指，见图 2-5、图 2-6。

再从刘海深度点至左侧外眼角分取第三片发片，然后以平剪的手法进行低角度修剪。修剪时注意手指的摆放要与刘海的水平线保持水平，见图 2-7、图 2-8。

图 2-5

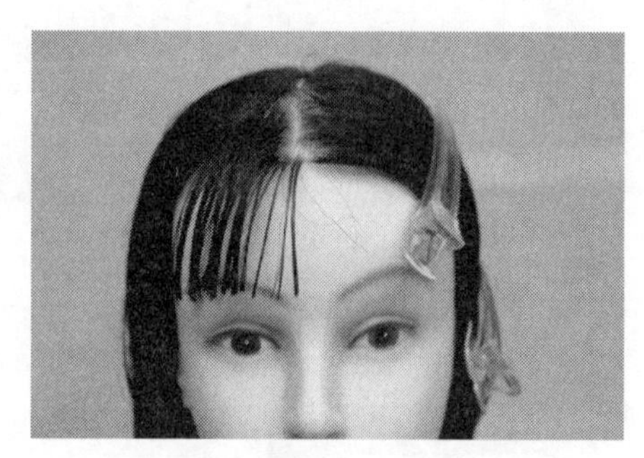

图 2-6

图 2-7

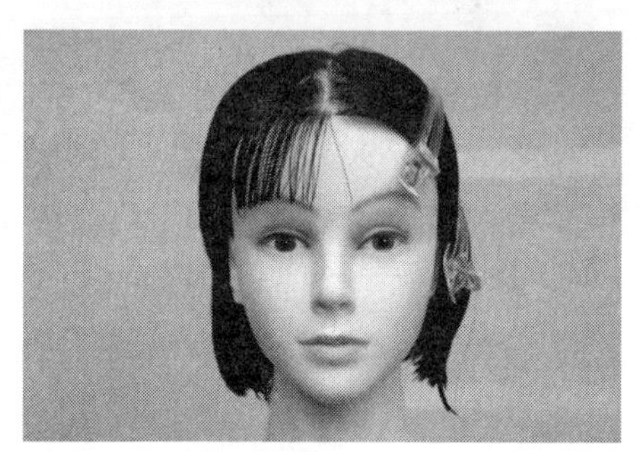

图 2-8

右侧与左侧一致，将第一个分区右侧头发作为引导，再从刘海深度点至右侧外瞳孔分取第四片发片，然后以平剪的手法进行低角度修剪，见图 2-9、图 2-10。

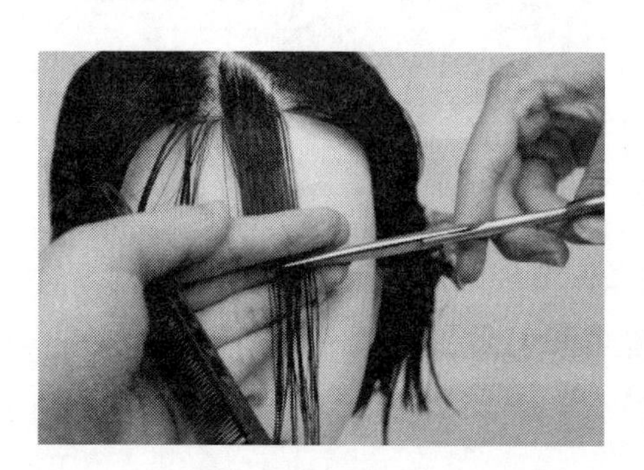

图 2-9

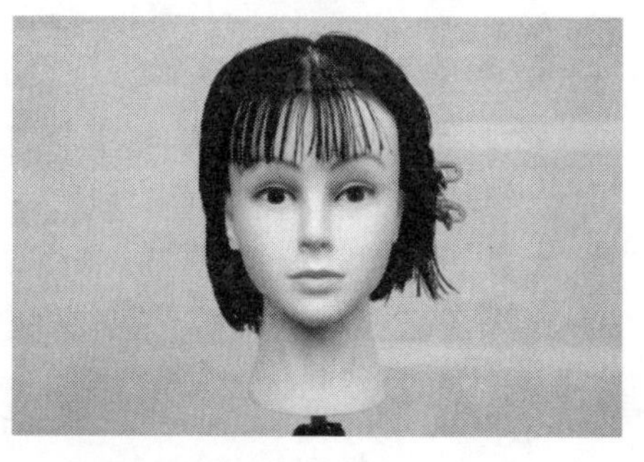

图 2-10

再从刘海深度点至右侧外眼角分取第五片发片，然后以平剪的手法进行低角度修剪，见图 2-11、图 2-12。

吹干后，再用平切的手法将刘海修剪干净（见图 2-13）。整个过程的修剪手法都为平剪，不可剪成弧形。

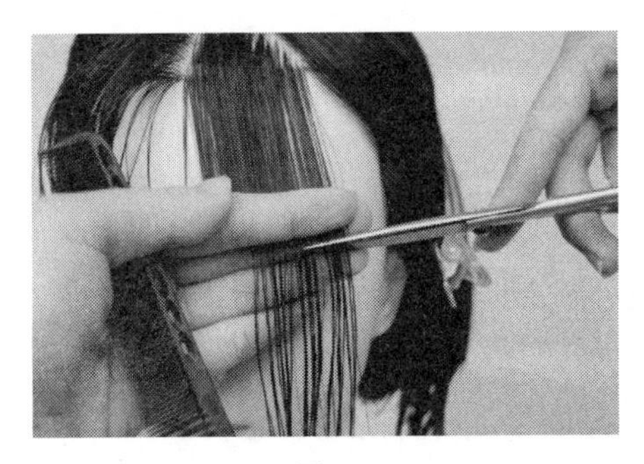

图 2–11

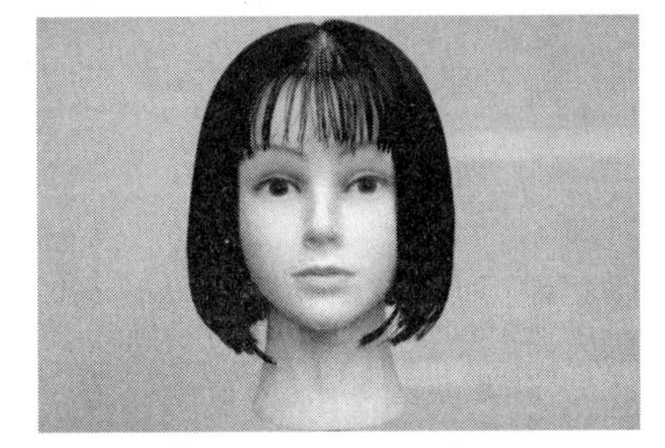

图 2–12

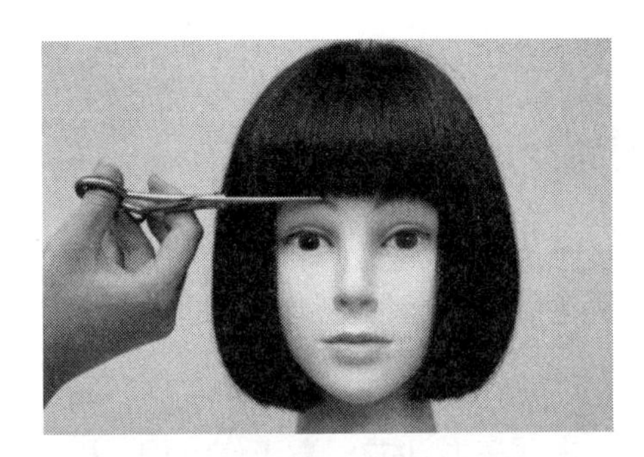

图 2–13

任务 2
小“V”型刘海的修剪

一、工作情境描述

某美发沙龙来了一位三十出头的女士，额头较高、脸宽大，没有刘海。美发师经过与顾客交流，得知顾客的愿望，决定为她修剪小“V”型刘海。单个工作任务的完成需要 45 分钟。

美发师接受任务后，根据美发沙龙剪发工作流程，确定修剪方案，选用正确的修剪工具、分区技法、修剪手法等，按照世赛健康与安全标准准备工作环境，并遵循美发师国家行业标准，在规定时间内实施小“V”型刘海的修剪。

二、学习任务描述

在教师的指导下，学生执行世界技能大赛美发项目技术文件（健康与安全）标准与美发师职业标准，通过小组合作方式模拟接待、询问顾客，获取任务，制订修剪工作计划，使用与维护剪发工具，整理、清洁剪发工作区域，实施生活发式修剪中小“V”型刘海的修剪，并在任务完成后拍照、展示、存档，获取顾客反馈。

三、与其他学习任务的关系

小“V”型刘海的修剪是斜向“C”线刘海的修剪学习任务的基础，通过完成该学习任务，能强化学生对刘海与脸型搭配的认识以及对作业流程、作业规范的认知，提升学生的责任意识、场地管理意识，树立职业自豪感，从而让后续学习任务的开展更具规范性与职业性。

四、学生基础

具备一定的美发行业认知，具有发型层次修剪、“一”字型刘海修剪的基础和操作体验。

五、学习目标

1. 能独立、准确地询问顾客的剪发需求，并参与小组合作制订工作计划。

2. 通过独立查询资料，能识别不同类型头发的生长特点。

3. 能正确认识、使用、维护、保养剪发工具。

4. 按照发型修剪标准，能独立使用小“V”型刘海的修剪手法对刘海进行修剪。

5. 能按照生产商的说明，用小组合作方式，安全且卫生地选择、使用、清洁和储存所有的设备、工具和材料。

6. 能按照世界技能大赛美发项目健康与安全条例标准，合作营造并维持安全、整洁和令人愉悦的工作区域。

7. 能完成自评、互评，获取顾客反馈意见，并拍照存档。

六、学习内容

1. 职业服务规范。

2. 沟通技巧。

3. 剪发工具认知、使用、维护、消毒与保养。

4. 不同类型头发的生长特点，小“V”型刘海的特点。

5. 世界技能大赛美发工作环境标准。

6. 小“V”型刘海的分区方法、修剪流程、修剪技法。

7. 美发网图片查询方法。

8. 评价标准、评价流程。

9. 发型拍照及展示技巧。

七、教学条件

1. 工具、材料、设备：镜台、工凳、推车、头模（真人模特）、支架、围布、一次性围脖、毛巾、喷水壶、剪裁梳、平头梳、鸭嘴夹、条剪、打薄剪、滑剪、剪刀包、电推剪、卡尺、扫发刷、吹风机。

2. 资料：世界技能大赛美发项目技术文件、美发师国家职业技能标准、工作页、参考书、优秀作品范例、素材网络（如美发网）。

学习工作站须具备良好的安全、照明和通风条件，可分为集中教学区、方案讨论区、实训操作区、成果展示区，并配置相应的文件查询服务器和多媒体教学系统等设备设施，面积以至少同时容纳 30 人开展教学活动为宜，以个人为单位配备工位。

八、教学组织形式

1. 用微课组织学生小组互动或个人独立学习剪发服务规范、沟通技巧，小“V”型刘海的分区方法、修剪技法、修剪流程，世界技能大赛美发工作环境标准等知识与技能。

2. 用岗位角色扮演的方式，让学生合作体验并完成场地环境检查、安全检查、人员考核、工作交接等工作流程与服务。

3. 组织学生学习剪发工具的使用、维护、消毒与保养，不同类型头发的生长特点及刘海特点等知识与技术，并进行小组讨论与交流。

4. 按照剪发流程与技法，组织学生在头模和真人头上独立完成小“V”型刘海修剪。

5. 以图示、修剪头模等形式，组织学生分组交流、展示学习成果。

6. 针对小“V”型刘海修剪效果，组织学生完成过程性自评、互评，教师完成终结性评价。

九、教学流程与活动

1. 明确学习任务。

2. 调动学习气氛。

3. 咨询顾客需求，获取修剪任务。

4. 制定小“V”型刘海修剪任务方案。

5. 实施小“V”型刘海修剪训练任务。

6. 展示小“V”型刘海修剪成果。

7. 获取顾客反馈，评估学习效果。

8. 拓展小“V”型刘海修剪技能。

教学活动策划表详见表 2-2。

表 2-2　教学活动策划表

教学活动	关键能力	学生活动	教师活动	学习内容	资源	评价点	学时	地点
教学活动 1 明确学习任务	1. 自主学习能力 2. 信息处理能力	1. 观看微视频 2. 填写工作页	1. 提前3天下发学习任务、上传微视频、发放学习工作页 2. 通过微信、QQ与学生互动，线上答疑	1. 小“V”型刘海修剪的分区、技法和流程 2. 收集小“V”型刘海修剪效果图的方法	小“V”型刘海修剪微视频、课前工作页、QQ群、妙境界 APP	1. 课前工作页填写是否规范 2. 小“V”型刘海图片是否收集准确	课余	
教学活动 2 调动学习气氛	1. 沟通、合作能力 2. 自查能力	1. 整理仪容仪表 2. 跳剪发操 3. 检查工具、环境	1. 组织整队，检查仪容仪表 2. 带领全体人员跳剪发操 3. 协助分组，强调工作岗位的要求与素养	1. 美发师职业规范与素养 2. 美发沙龙环境卫生标准	多媒体设备、自编剪发操	1. 仪容仪表是否规范 2. 课前跳操活动与企业要求的符合度 3. 课前工具、环境的检查	1	美发实训室
教学活动 3 咨询顾客需求，获取修剪任务	1. 语言表达能力 2. 自主学习能力	1. 获取工作任务 2. 学习沟通技巧 3. 学习流行发型图片或视频检索方法 4. 模拟与顾客沟通交流 5. 填写剪发服务规范	1. 布置学习任务，提供学习资料 2. 协助学生与顾客交流 3. 解答学生疑问	1. 小“V”型刘海修剪流程、手法、服务规范、操作要领等微课 2. 与顾客有效沟通的方法	书籍、美发网、工作页	1. 填写小“V”型刘海修剪工作页 2. 提交顾客发型修剪需求 3. 提交小“V”型刘海修剪图片	3	美发实训室

续表

教学活动	关键能力	学生活动	教师活动	学习内容	资源	评价点	学时	地点
教学活动4 制定小“V”型刘海修剪任务方案	1. 合作、沟通能力 2. 工作计划编写能力	1. 小组进行人员分工，制定修剪方案 2. 小组选用修剪工具，交流修剪手法与流程 3. 小组提交修剪方案	1. 引导学生按角色（美发师、顾客、助理）讨论工作职能、分配工作任务、制定修剪方案 2. 巡回指导小组制订工作计划 3. 进行学生差异化指导	1. 明确工作时间 2. 拟订工作计划 3. 进行人员分工 4. 协调工具与设备	修剪工具、头模、支架、工作页、多媒体	1. 工作计划具有可操作性 2. 选用修剪工具合理 3. 提交方案完善，包括完整的修剪流程	4	美发实训室
教学活动5 实施小“V”型刘海修剪训练任务	1. 小“V”型刘海修剪规范操作能力 2. 世赛标准执行能力 3. 合作能力	1. 演一演 1）美发师、助理、顾客角色 2）叙述自己所扮演角色的工作职能 2. 查一查 1）修剪工具、设施设备的摆放是否合规 2）工作区域健康与安全是否达标 3. 做一做 1）独立完成小“V”型刘海修剪服务	1. 提出完成任务的工作要求 2. 组织学生对修剪工具进行练手 3. 组织学生互测修剪手法	1. 选择与运用修剪工具 2. 发型分区的方法 3. 小“V”型刘海修剪的手法、步骤等技术要领	修剪工具、修剪设备、工作页、头模、真人模特、顾客满意度调查表	1. 分区图描绘清晰、准确 2. 对不同类型头发、脸型及头发生长的特点能准确判别 3. 修剪工具、设施设备的摆放合规 4. 对刘海进行修剪的手法正确，符合修剪流程与标准	8	美发实训室

续表

教学活动	关键能力	学生活动	教师活动	学习内容	资源	评价点	学时	地点
教学活动 5 实施小“V”型刘海修剪训练任务		2）小组合作收拾设备、工具，清扫场地 3）填写小组评价表	4. 组织学生完成任务实施效果评价 5. 巡回指导，实时监控	4. 世界技能大赛美发项目健康与安全条例标准 5. 学习效果评价标准		5. 修剪设备、工具的整理及工作区域的清扫达标 6. 小组协调合作 7. 顾客满意度达 80% 以上		
教学活动 6 展示小“V”型刘海修剪成果	1. 总结能力 2. 交流能力 3. 解决问题能力	1. 小“V”型刘海修剪作品展示素材准备 2. 小“V”型刘海修剪作品成果展示	1. 组织学生进行成果展示 2. 点评展示效果	1. 工作成果总结方法与要素 2. 小“V”型刘海修剪成果汇报展示技巧	修剪工具、修剪设备、真人模特、展示板	1. 小组汇报完整性 2. 各小组讨论有效性	1	美发实训室
教学活动 7 获取顾客反馈，评估学习效果	表达与沟通能力	1. 小组自评、互评 2. 获取顾客反馈信息	点评学生完成任务情况	1. 过程性自评、互评标准 2. 终结性评价标准	自评表、互评表、师评表	1. 修剪过程的学习态度 2. 修剪结果的完成度 3. 顾客反馈信息的有效性	1	美发实训室
教学活动 8 拓展小“V”型刘海修剪技能	1. 自主学习能力 2. 知识迁移能力	1. 课后为家人或朋友进行小“V”型刘海修剪 2. 修剪发型后拍照、上传至 QQ 群	1. 布置拓展任务 2. 通过微信、QQ 与学生互动，线上答疑	小“V”型刘海修剪的扩展	QQ 群、真人模特、修剪工具	1. 规定时间完成作业情况 2. 与顾客脸型的搭配情况	课余	

十、评价内容与标准

1. 会描述顾客对刘海的修剪需求。

2. 提交1份以上小“V”型刘海图片或视频检索资料。

3. 对不同类型头发的生长特点及刘海的特点和种类能准确判别。

4. 制订的工作计划具有可操作性。

5. 通过参与小组合作，会安全且卫生地选择、使用、清洁、维护、保养剪发的设备、工具和材料。

6. 对刘海进行修剪的手法正确，符合修剪流程与标准。

7. 营造并维持安全、整洁和令人愉悦的工作区域，符合世界技能大赛美发项目健康与安全条例标准。

8. 能对学习成果进行展示、汇报，完成自评、互评、师评，获取顾客反馈意见，并拍照存档。

9. 能对系统学习成果进行展示、汇报。

十一、学习资料

小“V”型刘海的修剪

(一) 小“V”型刘海的发型特征

小“V”型刘海的发型特征是中间短、两边长，呈现“V”的形状。通过小“V”型刘海的修剪，可以将各种脸型修饰成小“V”脸，达到修饰脸型的效果（见图2-14）。

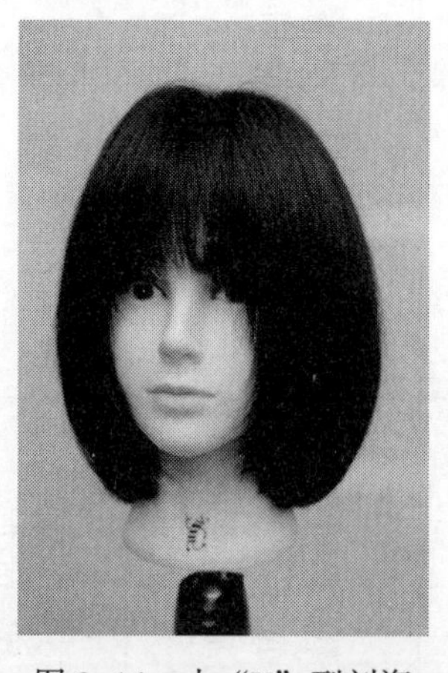

图2-14　小“V”型刘海

（二）小“V”型刘海的修剪流程

1. 刘海的分区

从刘海深度点到两只眼睛的外眼角进行分区（见图 2-15）。

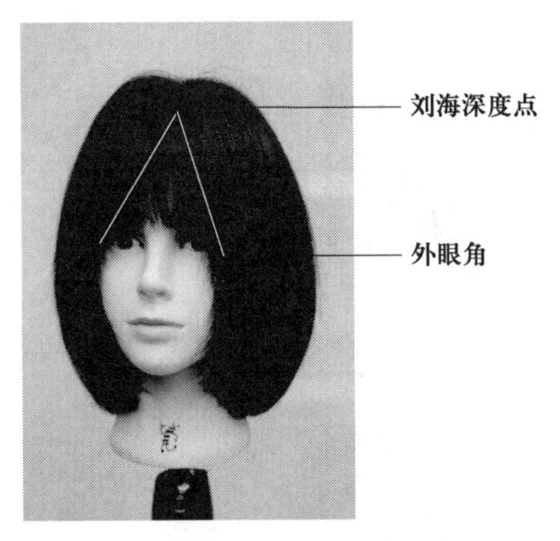

图 2-15　小“V”型刘海的分区

2. 刘海的修剪

从刘海深度点至两个内眼角分取第一片发片，竖拉发片于两眼之间、与地面平行进行修剪，如图 2-16、图 2-17、图 2-18 所示。

图 2-16

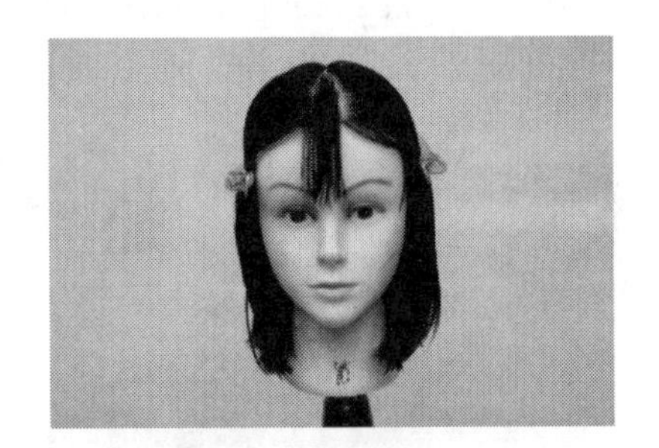

图 2-17

图 2-18

从刘海深度点至右侧外瞳孔分取第二片发片，靠左平行拉出发片进行修剪，如图 2-19、图 2-20、图 2-21 所示。

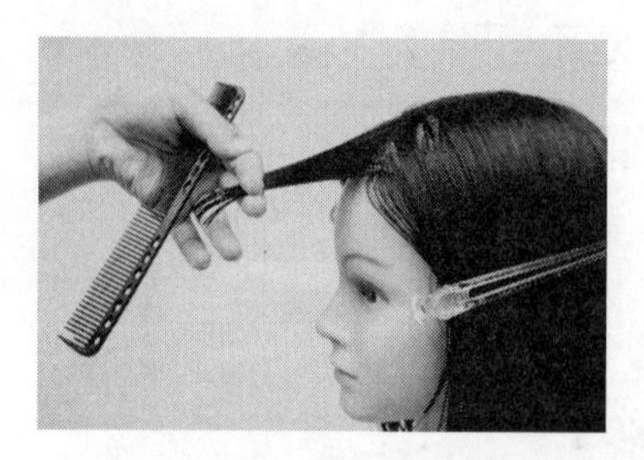

图 2-19

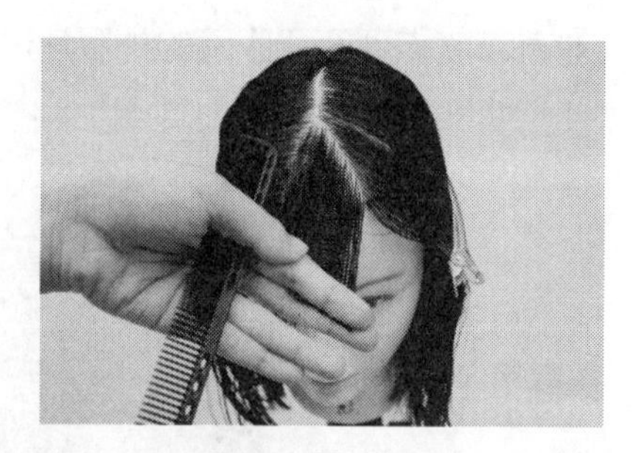

图 2-20

图 2-21

从刘海深度点至右侧外眼角分取第三片发片，靠前拉出发片，以第二片发片为基准延长进行修剪，如图 2-22、图 2-23、图 2-24 所示。

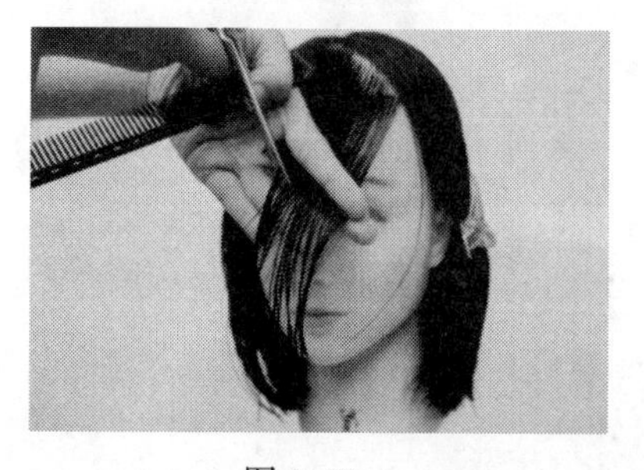

图 2-22

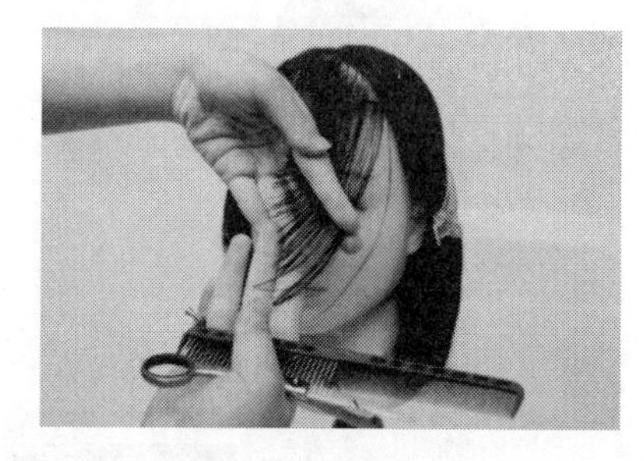

图 2-23

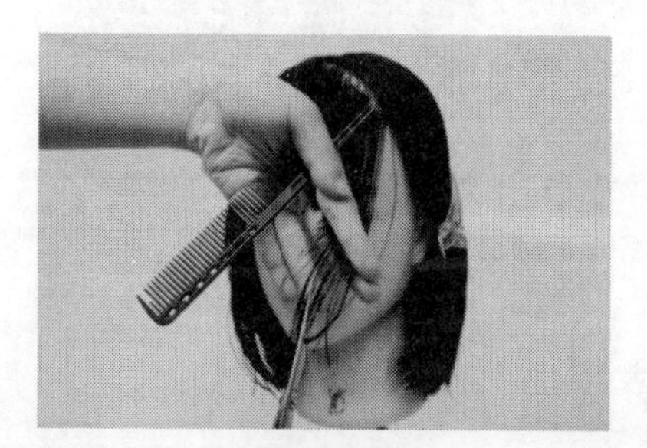

图 2-24

左侧与右侧一致，从刘海深度点至左侧外瞳孔分取第四片发片，靠右平行拉出发片进行修剪，如图 2-25、图 2-26、图 2-27 所示。

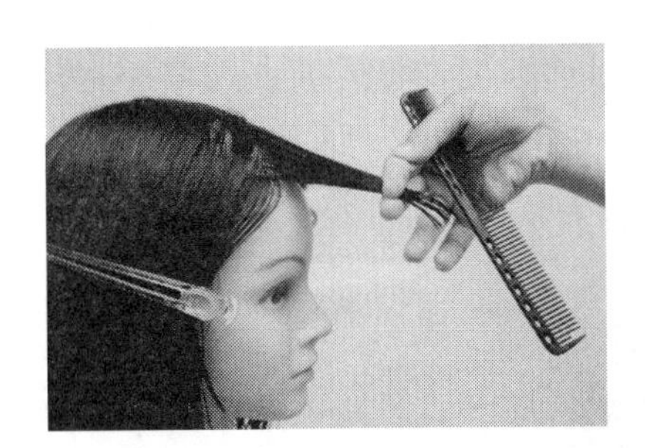

图 2-25

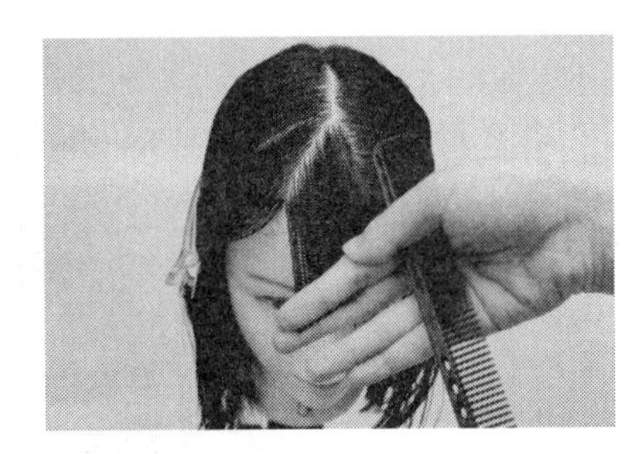

图 2-26

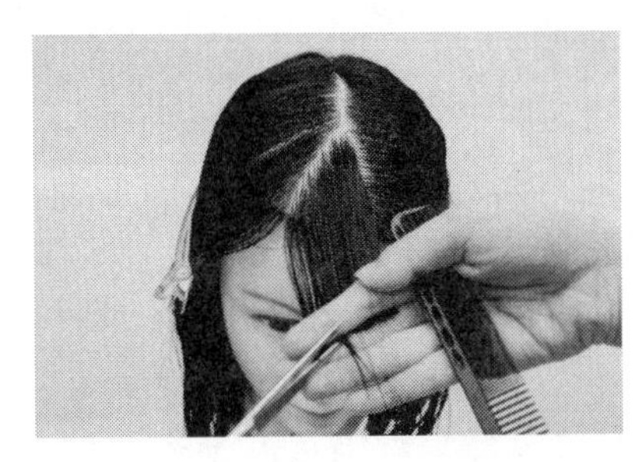

图 2-27

从刘海深度点至左侧外眼角分取第五片发片，靠前拉出发片，以第四片发片为基准延长进行修剪，如图 2-28、图 2-29、图 2-30 所示。

图 2-28

图 2-29

图 2-30

小“V”型刘海修剪完并吹干后，可将鬓角头发用滑剪的手法进行少部分修剪，以最大程度修饰脸型，完成效果如图 2-31 所示。

图 2-31

任务 3
斜向“C”线刘海的修剪

一、工作情境描述

某美发沙龙来了一位年轻女孩，她不喜欢现在的刘海（属于长脸型），想通过修剪刘海来修饰脸型。美发师经过与顾客交流，决定为她修剪斜向“C”线刘海。单个工作任务的完成需要 40 分钟。

美发师接受任务后，确定修剪流程，选用正确的修剪工具、分区技法、修剪手法等，按照世赛健康与安全标准准备工作环境，并遵循美发师国家行业标准，在规定时间内实施斜向“C”线刘海的修剪。

二、学习任务描述

在教师的指导下，学生执行世界技能大赛美发项目技术文件（健康与安全）标准与美发师职业标准，通过小组合作方式接待顾客、询问顾客，获取任务，制订修剪工作计划，使用与维护剪发工具，整理、清洁剪发工作区域，实施生活发式中斜向“C”线刘海的修剪，并在任务完成后拍照、展示、存档，获取顾客反馈。

三、与其他学习任务的关系

斜向“C”线刘海的修剪是小“V”型刘海的修剪等学习任务的延展，通过完成该学习任务，能强化学生对脸型视觉改变的认识以及对作业流程、作业规范的认知，提升学生的责任意识、场地管理意识，树立职业自豪感，从而让其他学习任务的开展更具规范性与职业性。

四、学生基础

具备一定的美发行业认知，具有发型层次修剪、“一”字型刘海修剪、小“V”型刘海修剪的基础和操作体验。

五、学习目标

1. 能正确认识、使用、维护、保养剪发工具。
2. 通过独立查询资料，能识别不同类型头发的生长特点。
3. 能使用斜向“C”线刘海的修剪手法对刘海区域进行处理。
4. 能独立按照刘海修剪标准，进行内轮廓修剪。
5. 能独立、准确地询问顾客的剪发需求，并参与小组合作制订工作计划。
6. 能按照生产商的说明，安全且卫生地选择、使用、清洁和储存所有的设备、工具和材料。
7. 能按照世界技能大赛美发项目健康与安全条例标准，合作营造并维持安全、整洁和令人愉悦的工作区域，并完成自评、互评，获取顾客反馈意见，拍照存档。

六、学习内容

1. 职业服务规范。
2. 沟通技巧。
3. 剪发工具认知、使用、维护、消毒与保养。
4. 不同类型头发的生长特点，斜向“C”线刘海的特点。
5. 世界技能大赛美发工作环境标准。
6. 三分区及竖、斜分片方法。
7. 斜向“C”线刘海修剪流程、修剪技法。
8. 美发网图片查询方法。
9. 评价标准、评价流程。
10. 发型拍照及展示技巧。

七、教学条件

1. 工具、材料、设备：镜台、工凳、推车、头模（真人模特）、支架、围布、一次性围脖、毛巾、喷水壶、剪裁梳、鸭嘴夹、条剪、打薄剪、滑剪、剪刀包、扫发刷、吹风机。

2. 资料：世界技能大赛美发项目技术文件、美发师国家职业技能标准、工作页、参考书、优秀作品范例、素材网络（如美发网）。

学习工作站须具备良好的安全、照明和通风条件，可分为集中教学区、方案讨论区、实训操作区、成果展示区，并配置相应的文件查询服务器和多媒体教学系统等设备设施，面积以至少同时容纳 30 人开展教学活动为宜，以个人为单位配备工位。

八、教学组织形式

1. 用微课组织学生小组互动或个人独立学习剪发服务规范、沟通技巧，斜向“C”线刘海的分区方法、修剪技法、修剪流程，世界技能大赛美发工作环境标准等知识与技能。

2. 用岗位角色扮演的方式，让学生合作体验并完成场地环境检查、安全检查、人员考核、工作交接等工作流程与服务。

3. 组织学生学习剪发工具的使用、维护、消毒与保养，不同类型头发的生长特点及刘海特点等知识与技术，并进行小组讨论与交流。

4. 按照剪发流程与技法，组织学生在头模和真人头上独立完成斜向“C”线刘海的修剪。

5. 以图示、修剪头模等形式，组织学生分组交流、展示学习成果。

6. 针对斜向“C”线刘海修剪效果，组织学生完成过程性自评、互评，教师完成终结性评价。

九、教学流程与活动

1. 明确学习任务。

2. 调动学习气氛。

3. 咨询顾客需求，获取修剪任务。

4. 制定斜向“C”线刘海修剪任务方案。

5. 实施斜向“C”线刘海修剪训练任务。

6. 展示斜向“C”线刘海修剪成果。

7. 获取顾客反馈，评估学习效果。

8. 拓展斜向“C”线刘海修剪技能。

教学活动策划表详见表 2-3。

表 2-3　教学活动策划表

教学活动	关键能力	学生活动	教师活动	学习内容	资源	评价点	学时	地点
教学活动 1 明确学习任务	1. 自主学习能力 2. 信息处理能力	1. 观看微视频 2. 填写工作页	1. 提前 3 天下发学习任务、上传微视频、发放学习工作页 2. 通过微信、QQ 与学生互动，线上答疑	1. 斜向“C”线刘海修剪的分区、技法和流程 2. 收集斜向“C”线刘海修剪效果图的方法	斜向“C”线刘海修剪微视频、课前工作页、QQ 群、妙境界 APP	1. 课前工作页填写是否规范 2. 斜向“C”线刘海图片是否收集准确	课余	
教学活动 2 调动学习气氛	1. 沟通、合作能力 2. 自查能力	1. 整理仪容仪表 2. 跳剪发操 3. 检查工具、环境	1. 组织整队，检查仪容仪表 2. 带领全体人员跳剪发操 3. 协助分组，强调工作岗位的要求与素养	1. 美发师职业规范与素养 2. 美发沙龙环境卫生标准	多媒体设备、自编剪发操	1. 仪容仪表是否规范 2. 课前跳操活动与企业要求的符合度 3. 课前工具、环境的检查	1	美发实训室
教学活动 3 咨询顾客需求，获取修剪任务	1. 语言表达能力 2. 自主学习能力	1. 获取工作任务 2. 学习沟通技巧 3. 学习流行发型图片或视频检索方法 4. 模拟与顾客沟通交流 5. 填写剪发服务规范	1. 布置学习任务，提供学习资料 2. 协助学生与顾客交流 3. 解答学生疑问	1. 斜向“C”线刘海修剪流程、手法、服务规范、操作要领等微课 2. 与顾客有效沟通的方法	书籍、美发网、工作页	1. 填写斜向“C”线刘海修剪工作页 2. 提交顾客发型修剪需求 3. 提交斜向“C”线刘海修剪图片	3	美发实训室

续表

教学活动	关键能力	学生活动	教师活动	学习内容	资源	评价点	学时	地点
教学活动 4 制定斜向“C”线刘海修剪任务方案	1. 合作、沟通能力 2. 工作计划编写能力	1. 小组进行人员分工，制定修剪方案 2. 小组选用修剪工具，交流修剪手法与流程 3. 小组提交修剪方案	1. 引导学生按角色（美发师、顾客、助理）讨论工作职能、分配工作任务、制定修剪方案 2. 巡回指导小组制订工作计划 3. 进行学生差异化指导	1. 明确工作时间 2. 拟订工作计划 3. 进行人员分工 4. 协调工具与设备	修剪工具、头模、支架、工作页、多媒体	1. 工作计划具有可操作性 2. 选用修剪工具合理 3. 提交方案完善，包括完整的修剪流程	4	美发实训室
教学活动 5 实施斜向“C”线刘海修剪训练任务	1. 斜向“C”线刘海修剪规范操作能力 2. 世赛标准执行能力 3. 合作能力	1. 演一演 1）美发师、助理、顾客角色 2）叙述自己所扮演角色的工作职能 2. 查一查 1）修剪工具、设施设备的摆放是否合规 2）工作区域健康与安全是否达标 3. 做一做 1）独立完成斜向“C”线刘海修剪服务	1. 提出完成任务的工作要求 2. 组织学生对修剪工具进行练手 3. 组织学生互测修剪手法	1. 选择与运用修剪工具 2. 发型分区的方法 3. 斜向“C”线刘海修剪的手法、步骤等技术要领	修剪工具、修剪设备、工作页、头模、真人模特、顾客满意度调查表	1. 分区图描绘清晰、准确 2. 对不同类型头发、脸型及头发生长的特点能准确判别 3. 修剪工具、设施设备的摆放合规 4. 对刘海进行修剪的手法正确，符合修剪流程与标准	8	美发实训室

续表

教学活动	关键能力	学生活动	教师活动	学习内容	资源	评价点	学时	地点
教学活动 5 实施斜向“C”线刘海修剪训练任务		2）小组合作收拾设备、工具，清扫场地 3）填写小组评价表	4. 组织学生完成任务实施效果评价 5. 巡回指导，实时监控	4. 世界技能大赛美发项目健康与安全条例标准 5. 学习效果评价标准		5. 修剪设备、工具的整理及工作区域的清扫达标 6. 小组协调合作 7. 顾客满意度达 80% 以上		
教学活动 6 展示斜向“C”线刘海修剪成果	1. 总结能力 2. 交流能力 3. 解决问题能力	1. 斜向“C”线刘海修剪作品展示素材准备 2. 斜向“C”线刘海修剪作品成果展示	1. 组织学生进行成果展示 2. 点评展示效果	1. 工作成果总结方法与要素 2. 斜向“C”线刘海修剪成果汇报展示技巧	修剪工具、修剪设备、真人模特、展示板	1. 小组汇报完整性 2. 各小组讨论有效性	1	美发实训室
教学活动 7 获取顾客反馈，评估学习效果	表达与沟通能力	1. 小组自评、互评 2. 获取顾客反馈信息	点评学生完成任务情况	1. 过程性自评、互评标准 2. 终结性评价标准	自评表、互评表、师评表	1. 修剪过程的学习态度 2. 修剪结果的完成度 3. 顾客反馈信息的有效性	1	美发实训室
教学活动 8 拓展斜向“C”线刘海修剪技能	1. 自主学习能力 2. 知识迁移能力	1. 课后为家人或朋友进行斜向“C”线刘海修剪 2. 修剪发型后拍照、上传至 QQ 群	1. 布置拓展任务 2. 通过微信、QQ 与学生互动，线上答疑	斜向“C”线刘海修剪的扩展	QQ 群、真人模特、修剪工具	1. 规定时间完成作业情况 2. 与顾客脸型的搭配情况	课余	

十、评价内容与标准

1. 会描述顾客对刘海的修剪需求。

2. 提交 1 份以上斜向“C”线刘海图片或视频检索资料。

3. 对不同类型头发的生长特点及刘海的特点和种类能准确判别。

4. 制订的工作计划具有可操作性。

5. 通过参与小组合作，会安全且卫生地选择、使用、清洁、维护、保养剪发的设备、工具和材料。

6. 对刘海进行修剪的手法正确，符合修剪流程与标准。

7. 营造并维持安全、整洁和令人愉悦的工作区域，符合世界技能大赛美发项目健康与安全条例标准。

8. 能对学习成果进行展示、汇报，完成自评、互评、师评，获取顾客反馈意见，并拍照存档。

9. 能对系统学习成果进行展示、汇报。

十一、学习资料

斜向“C”线刘海的修剪

（一）斜向“C”线刘海的发型特征

斜向“C”线刘海是指将刘海偏向一侧，呈现弧形的刘海。根据脸型、发质以及顾客的需求，可以选择偏分的位置，如二八分、三七分、四六分等，能够有拉长脸型的效果，如图 2-32 所示。

图 2-32　斜向“C”线刘海

（二）斜向“C”线刘海的修剪流程

1. 刘海的分区

从刘海深度点到外眼角，分出所需要修剪的刘海区，如图 2-33、图 2-34、图 2-35 所示。

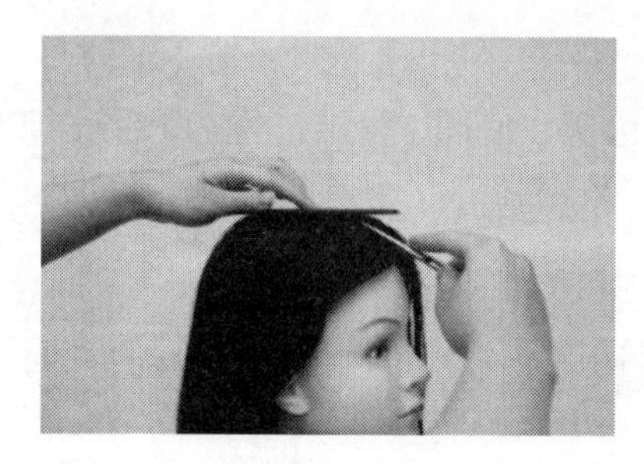

图 2-33

图 2-34

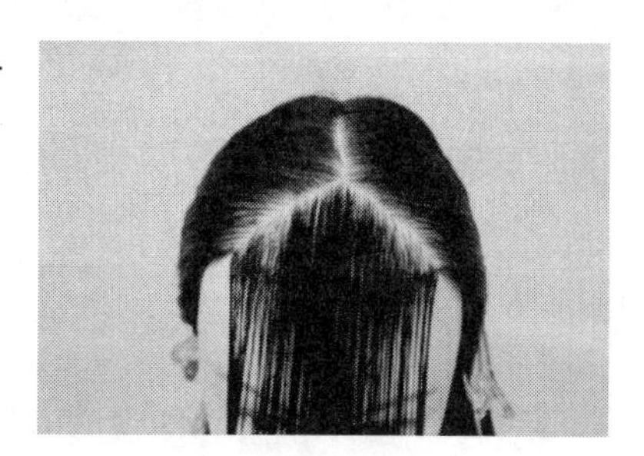

图 2-35

再将刘海区分成五个发片，如图 2-36 所示。

2. 刘海的修剪

从刘海深度点至两个内眼角分取第一片发片，向上垂直提拉，如图 2-37 所示。

预测修剪长度，一般位于鼻尖位置，用手指夹紧发片，如图 2-38 所示。

对第一片发片进行平行修剪，如图 2-39 所示，修剪完成效果如图 2-40 所示。

图 2-36

图 2-37

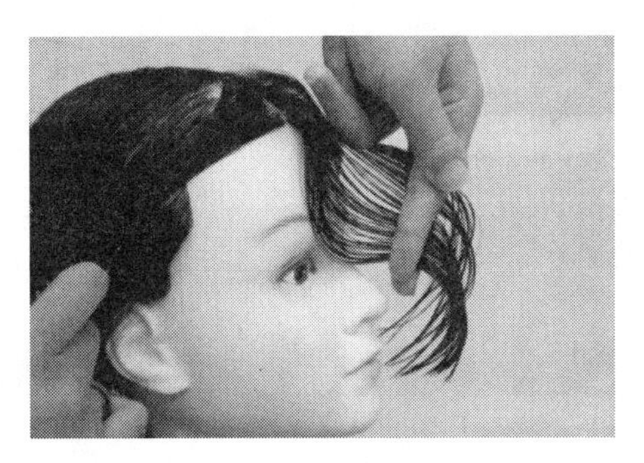

图 2–38

图 2–39

图 2–40

从刘海深度点至右侧外瞳孔分取第二片发片，垂直提拉，靠右侧分缝线进行修剪，如图 2–41、图 2–42 所示。

图 2–41

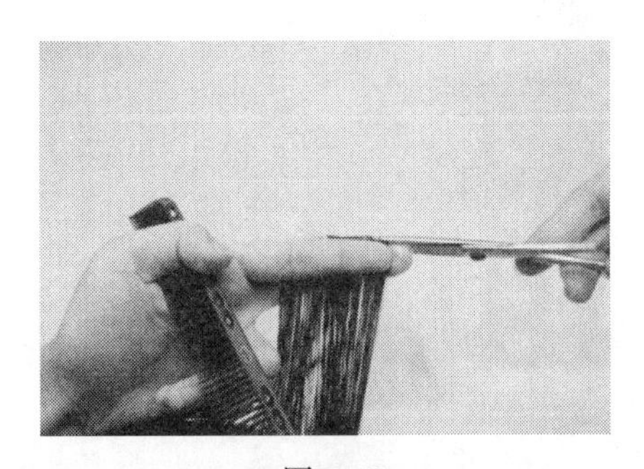

图 2–42

从刘海深度点至左侧外瞳孔分取第三片发片，垂直反向提拉，靠右侧分缝线进行修剪，如图 2–43、图 2–44 所示。

从刘海深度点至左侧外眼角分取第四片发片，向前拉出，向下滑剪，如图 2–45、图 2–46 所示。

从刘海深度点至右侧外眼角分取第五片发片，向前拉出，向下滑剪，如图 2–47、图 2–48 所示。

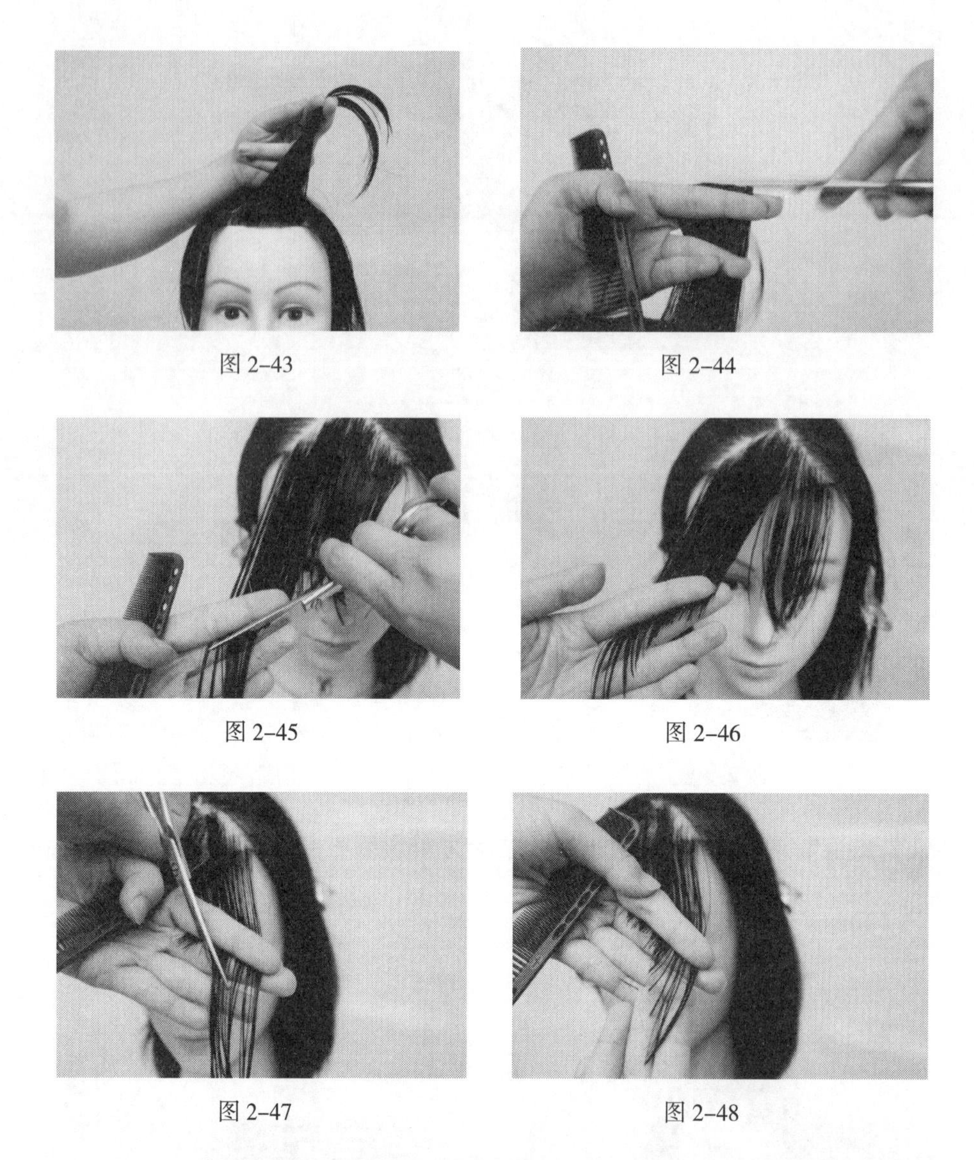

图 2-43　　图 2-44

图 2-45　　图 2-46

图 2-47　　图 2-48

斜向“C”线刘海修剪完成效果如图 2-49 所示，可在视觉上达到拉长脸型的效果。

图 2-49

模块三

发型动感空间的处理

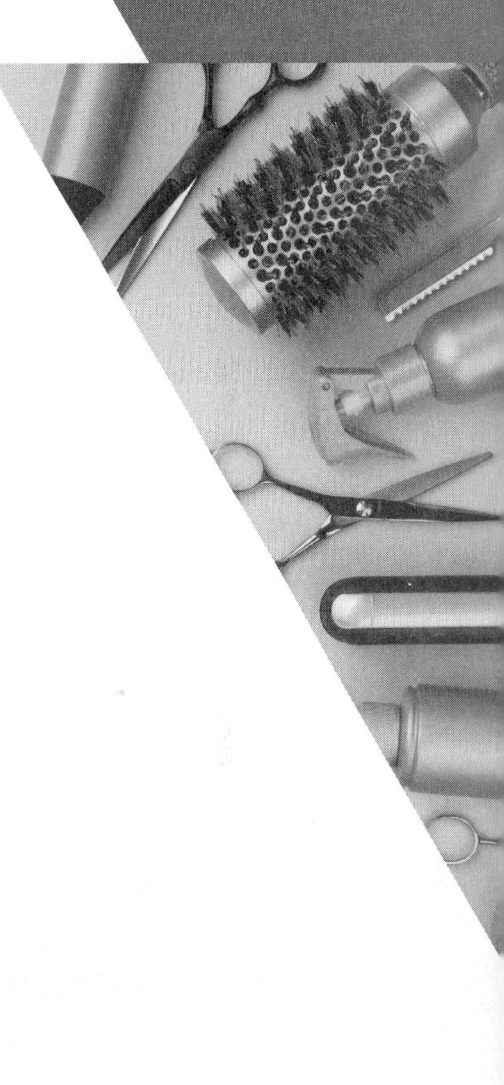

任务 1
发型量感的塑造

一、工作情境描述

美发师对顾客进行基础生活发式修剪后，由于发型呈现较单一的层次，缺少内部立体空间效果，从而造成整体效果比较呆板，因此需对发型进行量感处理，体现发型的动感间隙，从而使发型灵动飘逸。单个工作任务的完成需要 15~30 分钟。

美发师确定修剪流程后，选用正确的修剪工具，按照世赛健康与安全标准准备工作环境，并遵循美发师国家行业标准，通过对动感区、骨梁区、轮廓区的修剪，使头发根部蓬松、中部显示发型弧度和宽度、尾部彰显飘逸感。

二、学习任务描述

在教师的指导下，学生执行世界技能大赛美发项目技术文件（健康与安全）标准与美发师职业标准，获取任务，制订修剪工作计划，认知、使用与维护剪发工具，整理、清洁剪发工作区域，实施发型量感的塑造，并在完成任务后拍照、展示、存档，获取顾客反馈。

三、与其他学习任务的关系

发型量感的塑造是生活发式修剪的精细化处理阶段，在发型层次的修剪、刘海的修剪等任务基础上完成此任务。

四、学生基础

具备一定的美发行业认知，具有发型层次修剪和发型刘海修剪的基础和操作体验。

五、学习目标

1. 能正确认识、使用、维护、保养剪发工具。

2. 通过独立查询资料，能识别发质、发量与脸型的关系。

3. 能使用多种不同的修剪手法对基础发型进行量感的塑造。

4. 能独立按照发型修剪标准，进行发型量感的修剪。

5. 能独立、准确地询问顾客的剪发需求，完成发型量感的修剪。

6. 能按照世界技能大赛美发项目健康与安全条例标准，营造并维持安全、整洁和令人愉悦的工作区域，并完成自评、互评，获取顾客反馈意见，拍照存档。

六、学习内容

1. 职业服务规范。

2. 沟通技巧。

3. 剪发工具的维护、消毒与保养。

4. 发质、发量与脸型的关系，头发生长的特点和毛流走向。

5. 世界技能大赛美发工作环境标准。

6. 发型量感的修剪流程及技法。

7. 评价标准、评价流程。

8. 发型拍照及展示技巧。

七、教学条件

1. 工具、材料、设备：镜台、工凳、推车、头模（真人模特）、支架、围布、一次性围脖、毛巾、喷水壶、剪裁梳、平头梳、鸭嘴夹、条剪、打薄剪、滑剪、剪刀包、电推剪、卡尺、扫发刷、吹风机。

2. 资料：世界技能大赛美发项目技术文件、美发师国家职业技能标准、工作页、参考书、优秀作品范例、素材网络（如美发网）。

学习工作站须具备良好的安全、照明和通风条件，可分为集中教学区、方案讨论区、实训操作区、成果展示区，并配置相应的文件查询服务器和多媒体教学系统等设备设施，面积以至少同时容纳 30 人开展教学活动为宜，以个人为单位配备工位。

八、教学组织形式

1. 根据员工培训要求，教师采用微课形式组织学生以小组或者单人的形式进行剪发服务规范、沟通技巧和相关制度的学习。

2. 以情境模拟的形式，教师安排学生扮演角色，完成场地环境检查、安全检查、人员考核等项目。

3. 以情境模拟的形式，教师安排学生扮演角色，完成工作任务的流程描述与交接。

4. 教师引导学生根据工作页和视频，学习发型量感的修剪流程及技法，并在头模上独立完成发型量感的修剪。

5. 教师组织学生以小组或个人形式，通过拍照演示、现场操作、录像等形式，向全班展示、汇报学习成果。

6. 教师指导重、难点修剪手法，评价学生完成效果。

教学活动策划表详见表 3-1。

九、教学流程与活动

1. 模拟接待顾客、询问需求、获取任务。

2. 制定发型量感塑造方案。

3. 实施发型量感塑造训练任务。

4. 展示发型量感塑造成果。

5. 获取反馈信息。

6. 拓展发型量感塑造技能。

十、评价内容与标准

1. 会描述顾客的剪发需求。

2. 提交 1 份以上发型量感塑造图片或视频检索资料。

3. 对不同类型头发的生长特点能准确判别。

4. 制订的工作计划具有可操作性。

5. 会安全且卫生地选择、使用、清洁、维护、保养剪发的设备、工具和材料。

6. 对发型量感塑造的手法正确，符合修剪流程与标准。

7. 营造并维持安全、整洁和令人愉悦的工作区域，符合世界技能大赛美发项目健康与安全条例标准。

8. 能对学习成果进行展示、汇报，完成自评、互评、师评，获取顾客反馈意见，并拍照存档。

9. 能对系统学习成果进行展示、汇报。

表 3-1　教学活动策划表

教学活动	关键能力	学生活动	教师活动	学习内容	资源	评价点	学时	地点
教学活动 1 模拟接待顾客、询问需求、获取任务	1. 语言表达能力 2. 自主学习能力	1. 获取工作任务 2. 按美发师、顾客、助理等角色分工，学习沟通技巧，模拟与顾客沟通交流	1. 布置学习任务，提供学习资料 2. 组织学生进行角色扮演，描述顾客的愿望，解答学生疑问	1. 与顾客有效交流的方法 2. 认识发型量感塑造的效果图	美发杂志、书籍、美发网、工作页	1. 能否判断发型量感塑造的发型图片 2. 沟通交流是否能得出结论	2	美发实训室
教学活动 2 制定发型量感塑造方案	1. 合作、沟通能力 2. 工作计划编写能力	1. 小组合作制定塑造方案 2. 选用正确的工具 3. 小组讨论确定发型量感塑造的手法	1. 引导学生进行修剪方案的讨论 2. 组织学生对工具进行练手 3. 组织学生对修剪手法进行测试 4. 组织评选 5. 教师进行差异化指导	1. 选择与运用修剪工具 2. 手绘分区图的方法	修剪工具、头模、支架、工作页、多媒体	1. 能否清晰完整地将方案填写完善 2. 能否正确选择修剪工具 3. 分区图是否清晰、准确 4. 测试是否规范	2	美发实训室
教学活动 3 实施发型量感塑造训练任务	1. 发型量感塑造的规范操作能力	1. 演一演美发师、助理、顾客角色 2. 对自己的角色进行工作职能描述 3. 摆放工具，检查设施设备 4. 填写顾客档案表	1. 提出完成任务的工作要求	1. 发型分区的方法	修剪工具、修剪设备、工作页、头模、真人模特、顾客满意度调查表	1. 口述流畅性 2. 小组操作规范性	12	美发实训室

续表

教学活动	关键能力	学生活动	教师活动	学习内容	资源	评价点	学时	地点
教学活动 3 实施发型量感塑造训练任务	2. 合作能力	5. 与顾客交流沟通，现场拍照上传 6. 独立完成发型量感的塑造服务 7. 完成小组评价表 8. 收拾设备、工具，清扫场地	2. 协助学生与顾客交流 3. 巡回指导，实时监控	2. 发型量感塑造的手法和步骤		3. 操作时间的把控		
教学活动 4 展示发型量感塑造成果	1. 总结归纳能力 2. 表达能力 3. 解决问题能力	1. 交流收获 2. 作品展示	1. 组织学生进行成果展示 2. 点评展示效果	1. 发型量感塑造作品的总结、评价 2. 发型量感塑造的操作汇报展示	修剪工具、修剪设备、真人模特、展示板	1. 小组汇报完整性 2. 小组代表发言情况 3. 各小组讨论有效性、针对性	1	美发实训室
教学活动 5 获取反馈信息	表达与沟通能力	1. 小组自评、互评 2. 获取顾客反馈信息	点评学生完成任务情况	自评、互评标准	自评表、互评表	评价的准确性	1	美发实训室
教学活动 6 拓展发型量感塑造技能	1. 自主学习能力 2. 知识迁移能力	1. 课后为家人或朋友进行发型量感的塑造 2. 塑造发型后拍照、上传	1. 布置拓展任务 2. 线上互动、答疑	发型量感塑造的扩展	交流群、真人模特、修剪工具	1. 规定时间完成作业情况 2. 与顾客脸型的搭配情况	课余	

十一、学习资料

发型量感的塑造流程及技法

（一）均等层次发型量感的塑造流程及技法

1. 目的

对每片头发均匀去除重量，使发型整体有空间感，方便顾客后期打理。

2. 操作

（1）根据发型裁剪时的分区，取用直立发片或水平发片 90°提拉（发片厚度不超过 2 厘米），如图 3-1 所示。

图 3-1　提拉发片

（2）在每束头发同一个位置（以距离发梢 1 厘米为标准）插入剪刀，剪刀平行于发束半合剪抽出，如图 3-2 所示。注意发型表面和发际线处不剪，否则会破坏发型的整体美感，且不利于顾客后期打理。

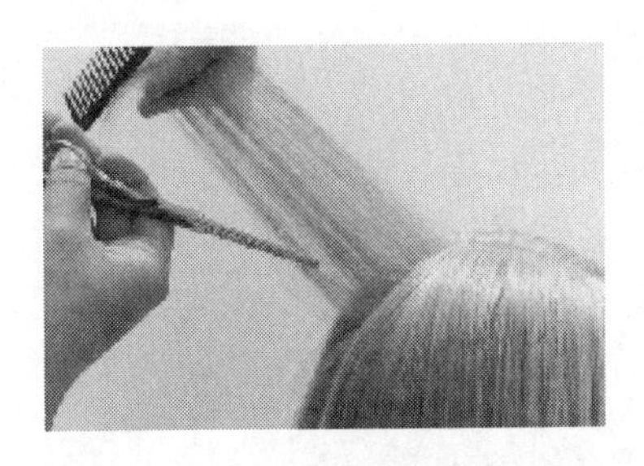
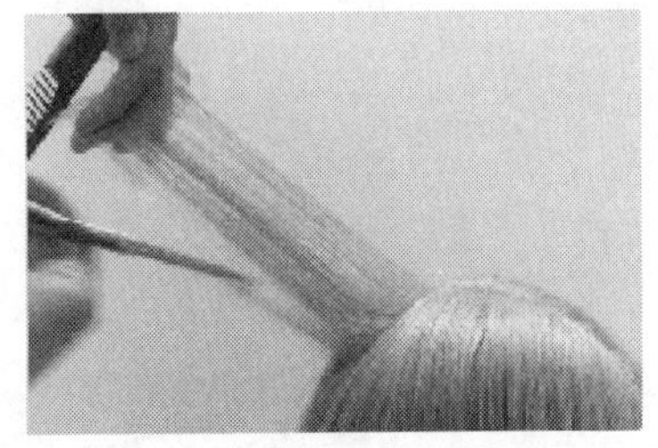

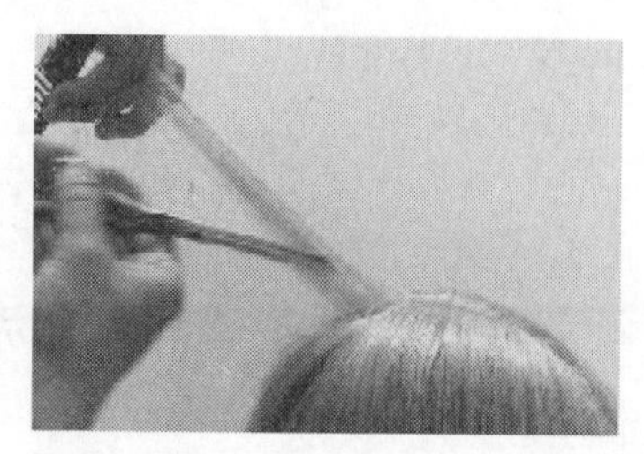

图 3-2　开始修剪

（3）对每一片发片重复上述操作，均匀去除发量，在发型内部处理成均等层次，使发型蓬松饱满，效果如图 3-3 所示。

修剪前

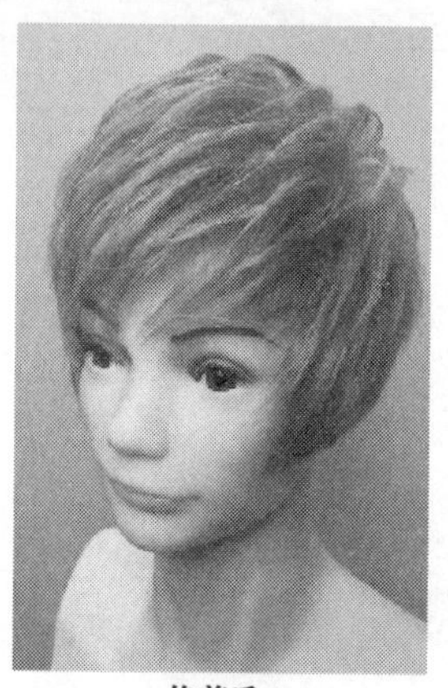
修剪后

图 3-3　塑造效果

（二）渐增层次发型量感的塑造流程及技法

1. 目的

在发型内部调整层次，达到收紧效果。

2. 操作

（1）根据发型裁剪时的分区，垂直提拉发片，如图 3-4 所示。

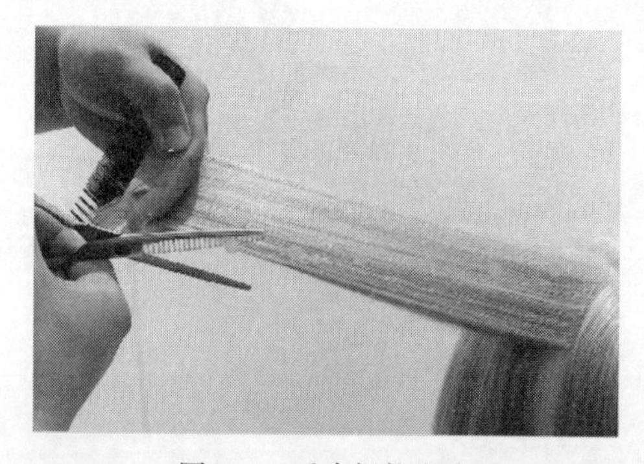

图 3-4　垂直提拉发片

（2）从下往上修剪，剪刀插入发片顺序为发梢——发中——发根，如图 3-5 所示。

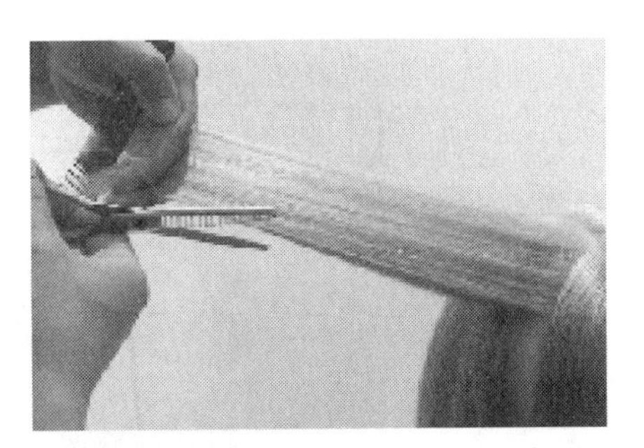
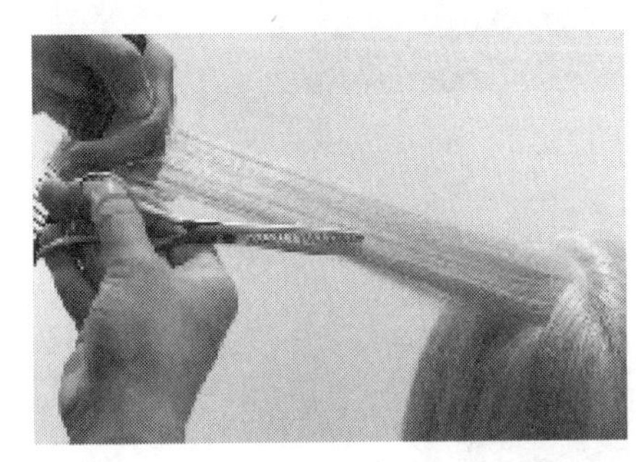
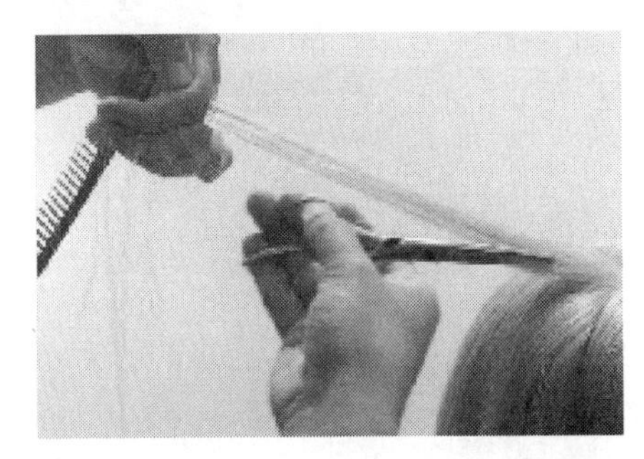

图 3-5　从下往上修剪

（3）对每片发片重复上述操作，形成一种轻叠的效果，如图 3-6 所示。

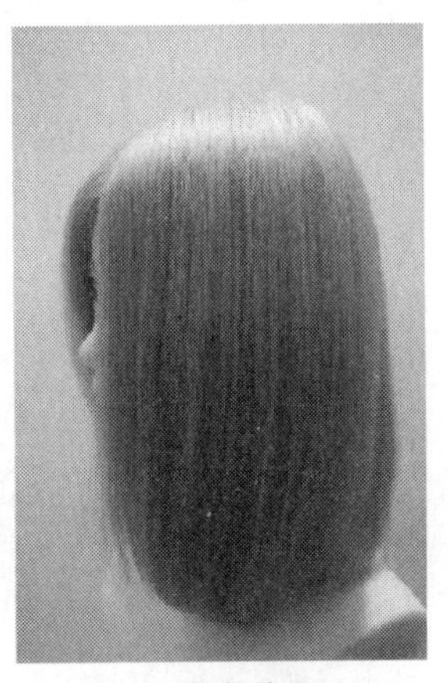
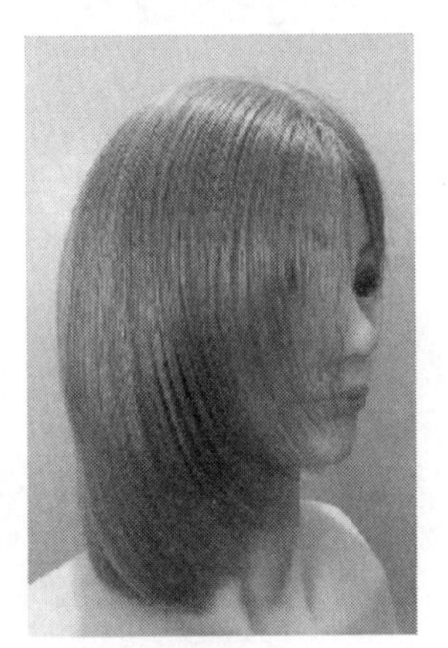
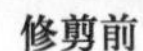

修剪前　　**修剪后**

图 3-6　塑造效果

（三）边沿层次发型量感的塑造

1. 目的

使头发内部从下到上由短到长，使发型产生堆积，达到蓬松饱满的效果。

2. 操作

（1）根据发型裁剪时的分区，垂直提拉发片，如图 3-7 所示。

图 3-7　垂直提拉发片

（2）从下往上修剪，剪刀插入发片顺序为发根——发中——发梢，如图 3-8 所示。

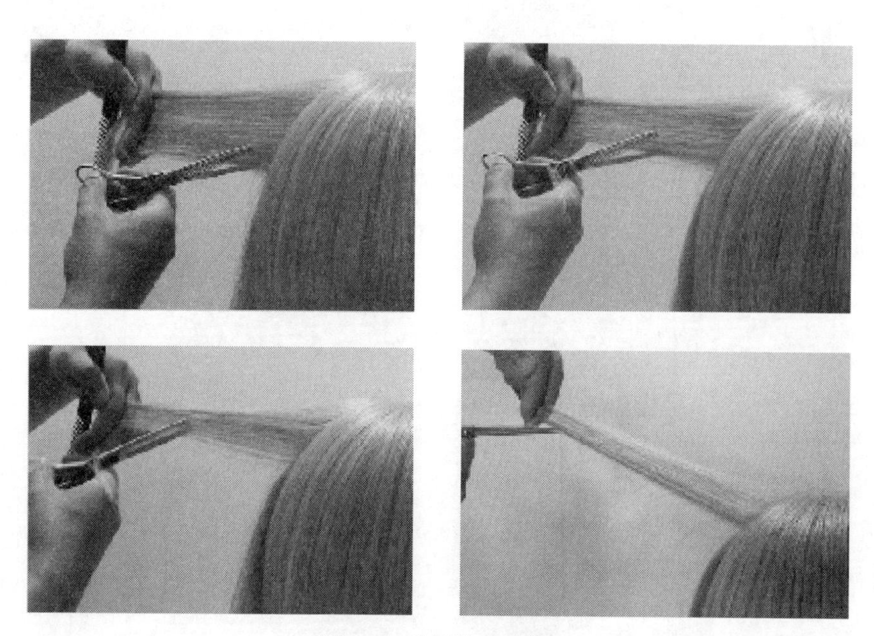

图 3-8　从下往上修剪

（3）对每片发片重复上述操作，使发型内部堆积，起到支撑作用，达到蓬松饱满的效果，如图 3-9 所示。

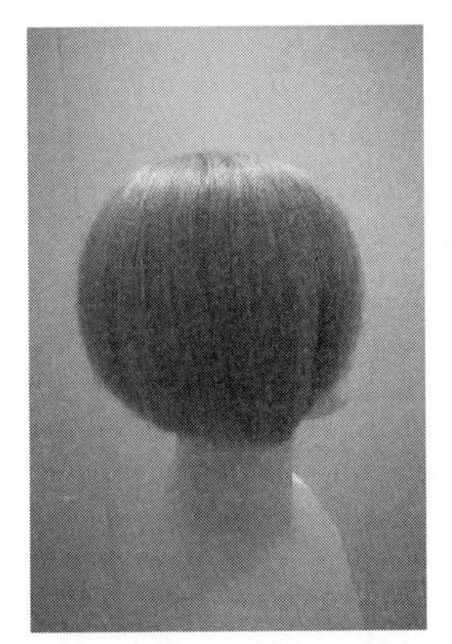
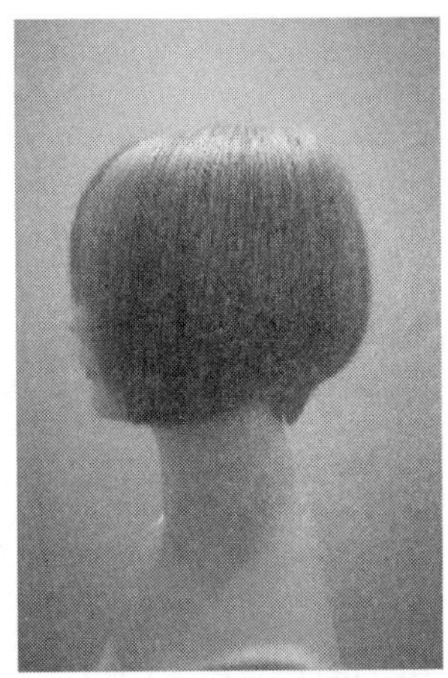

修剪前

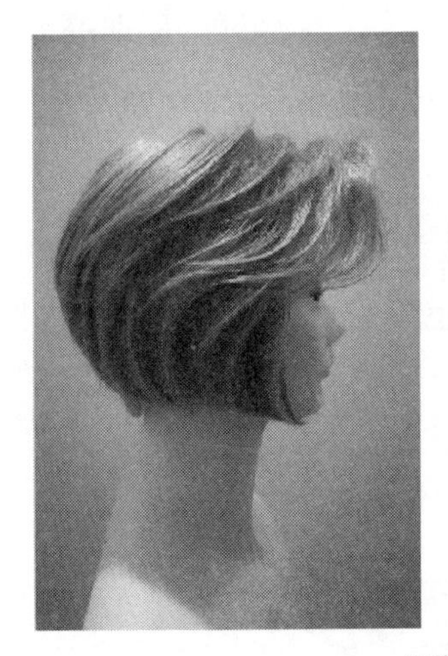
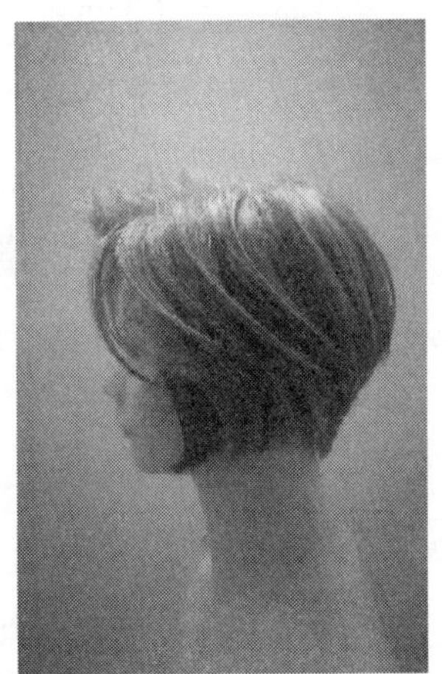

修剪后

图 3–9　塑造效果

任务2
发型切口的雕琢

一、工作情境描述

美发师对顾客进行基础生活发式修剪后，为避免发型呈现较单一的层次，需通过提拉角度对发尾进行切口的雕琢。单个工作任务的完成需要 15~30 分钟。

美发师确定修剪流程后，选用正确的修剪工具，按照世赛健康与安全标准准备工作环境，并遵循美发师国家行业标准，完成生活发式的修剪，之后通过提拉发尾的角度，完成不同类型切口的雕琢，使发型产生动感、圆润、收紧、堆积的效果。

二、学习任务描述

在教师的指导下，学生执行世界技能大赛美发项目技术文件（健康与安全）标准与美发师职业标准，获取任务，制订修剪工作计划，认知、使用与维护剪发工具，整理、清洁剪发工作区域，进行发尾的角度提拉，运用刻痕、堆积、去除等方法完成发型切口的雕琢，之后进行拍照、展示、存档，获取顾客反馈。

三、与其他学习任务的关系

发型切口的雕琢是生活发式修剪的精度雕琢阶段，在发型层次的修剪、发型刘海的修剪等任务基础上完成此任务。

四、学生基础

具备一定的美发行业认知，具有发型层次修剪和发型刘海修剪的基础和操作体验。

五、学习目标

1. 能正确认识、使用、维护、保养剪发工具。

2. 通过独立查询资料，能识别发尾的不同角度提拉对发型的影响及与脸型的关系。

3. 能使用多种不同的修剪手法进行发型切口的雕琢。

4. 能独立按照发型修剪标准，准确询问顾客所需的剪发要求，进行发型切口的雕琢。

5. 能按照世界技能大赛美发项目健康与安全条例标准，营造并维持安全、整洁和令人愉悦的工作区域，并完成自评、互评，获取顾客反馈意见，拍照存档。

六、学习内容

1. 职业服务规范。

2. 沟通技巧。

3. 剪发工具的维护、消毒与保养。

4. 发尾不同角度的提拉效果及与头型、脸型的关系，头发生长的特点和毛流走向。

5. 世界技能大赛美发工作环境标准。

6. 发型切口雕琢的流程及技法。

7. 评价标准、评价流程。

8. 发型拍照及展示技巧。

七、教学条件

1. 工具、材料、设备：镜台、工凳、推车、头模（真人模特）、支架、围布、一次性围脖、毛巾、喷水壶、剪裁梳、平头梳、鸭嘴夹、条剪、打薄剪、滑剪、剪刀包、电推剪、卡尺、扫发刷、吹风机。

2. 资料：世界技能大赛美发项目技术文件、美发师国家职业技能标准、工作页、参考书、优秀作品范例、素材网络（如美发网）。

学习工作站须具备良好的安全、照明和通风条件，可分为集中教学区、方案讨论区、实训操作区、成果展示区，并配置相应的文件查询服务器和多媒体教学系统等设备设施，面积以至少同时容纳 30 人开展教学活动为宜，以个人为单位配备工位。

八、教学组织形式

1. 根据员工培训要求，教师开展相关制度培训，安排学生进行小组或者单人的互动学习。

2. 以情境模拟的形式，教师安排学生扮演角色，完成场地环境检查、安全检查、人员考核等项目。

3. 以情境模拟的形式，教师安排学生扮演角色，完成工作任务的流程描述与交接。

4. 教师组织学生以小组或个人形式，通过拍照演示、现场操作、PPT 展示、录像等形式，向全班展示、汇报学习成果。

5. 教师指导重、难点修剪手法，评价学生完成效果。

教学活动策划表详见表 3-2。

九、教学流程与活动

1. 模拟接待顾客、询问需求、获取任务。

2. 制定发型切口雕琢方案。

3. 实施发型切口雕琢训练任务。

4. 展示发型切口雕琢成果。

5. 获取反馈信息。

6. 拓展发型切口雕琢技能。

十、评价内容与标准

1. 会描述顾客的剪发需求。

2. 提交 1 份以上发型切口雕琢图片或视频检索资料。

3. 对不同类型头发的生长特点能准确判别。

4. 制订的工作计划具有可操作性。

5. 会安全且卫生地选择、使用、清洁、维护、保养剪发的设备、工具和材料。

6. 进行发型切口雕琢的手法正确，符合修剪流程与标准。

7. 营造并维持安全、整洁和令人愉悦的工作区域，符合世界技能大赛美发项目健康与安全条例标准。

8. 能对学习成果进行展示、汇报，完成自评、互评、师评，获取顾客反馈意见，并拍照存档。

9. 能对系统学习成果进行展示、汇报。

表 3-2　教学活动策划表

教学活动	关键能力	学生活动	教师活动	学习内容	资源	评价点	学时	地点
教学活动 1 模拟接待顾客、询问需求、获取任务	1. 语言表达能力 2. 自主学习能力	1. 获取工作任务 2. 按美发师、顾客、助理等角色分工，学习沟通技巧，模拟与顾客沟通交流	1. 布置学习任务，提供学习资料 2. 组织学生进行角色扮演，描述顾客的愿望，解答学生疑问	1. 与顾客有效交流的方法 2. 认识发型切口雕琢的效果图	美发杂志、书籍、美发网、工作页	1. 能否判断发型切口雕琢的发型图片 2. 沟通交流是否能得出结论	2	美发实训室
教学活动 2 制定发型切口雕琢方案	1. 合作、沟通能力 2. 工作计划编写能力	1. 小组合作制定发型切口雕琢方案 2. 选用正确的工具 3. 小组讨论确定发型切口雕琢手法	1. 引导学生进行修剪方案的讨论 2. 组织学生对工具进行练手 3. 组织学生对修剪手法进行测试 4. 组织评选 5. 教师进行差异化指导	1. 选择与运用修剪工具 2. 手绘分区图的方法	修剪工具、头模、支架、工作页、多媒体	1. 能否清晰完整地将方案填写完善 2. 能否正确选择修剪工具 3. 分区图是否清晰、准确 4. 测试是否规范	2	美发实训室
教学活动 3 实施发型切口雕琢训练任务	1. 发型切口雕琢的规范操作能力	1. 演一演美发师、助理、顾客角色 2. 对自己的角色进行工作职能描述 3. 摆放工具，检查设施设备	1. 提出完成任务的工作要求	1. 发型分区的方法	修剪工具、修剪设备、工作页、头模、真人模特、顾客满意度调查表	1. 口述流畅性 2. 小组操作规范性	12	美发实训室

续表

教学活动	关键能力	学生活动	教师活动	学习内容	资源	评价点	学时	地点
教学活动3 实施发型切口雕琢训练任务	2. 合作能力	4. 填写顾客档案表 5. 与顾客交流沟通，现场拍照上传 6. 独立完成发型切口雕琢 7. 完成小组评价表 8. 收拾设备、工具，清扫场地	2. 协助学生与顾客交流 3. 巡回指导，实时监控	2. 发型切口雕琢的手法和步骤		3. 操作时间把控性		
教学活动4 展示发型切口雕琢成果	1. 总结归纳能力 2. 表达能力 3. 解决问题能力	1. 交流收获 2. 作品展示	1. 组织学生进行成果展示 2. 点评展示效果	1. 发型切口雕琢作品的总结、评价 2. 发型切口雕琢的操作汇报展示	修剪工具、修剪设备、真人模特、展示板	1. 小组汇报完整性 2. 小组代表发言情况 3. 各小组讨论有效性、针对性	1	美发实训室
教学活动5 获取反馈信息	表达与沟通能力	1. 小组自评、互评 2. 获取顾客反馈信息	点评学生完成任务情况	自评、互评标准	自评表、互评表	评价的准确性	1	美发实训室
教学活动6 拓展发型切口雕琢技能	1. 自主学习能力 2. 知识迁移能力	1. 课后为家人或朋友进行发型切口雕琢 2. 雕琢发型后拍照、上传	1. 布置拓展任务 2. 线上互动、答疑	发型切口雕琢的扩展	交流群、真人模特、修剪工具	1. 规定时间完成作业情况 2. 与顾客脸型的搭配情况	课余	

十一、学习资料

发型的切口

（一）点剪的流程与技法

1. 定义

剪刀切口与发片切口垂直进行修剪。

2. 目的

减轻发尾重量，使发型更有动感，同时使发尾更柔和、连接更紧密、切口更细腻。

3. 操作

采用二分区的方式，直立发片（发片厚度约 2 厘米），手指与发片切口成平行状态夹住发片（手指距离切口 3~5 厘米），剪刀切口与发片切口垂直进行均匀点剪，如图 3-10 所示。

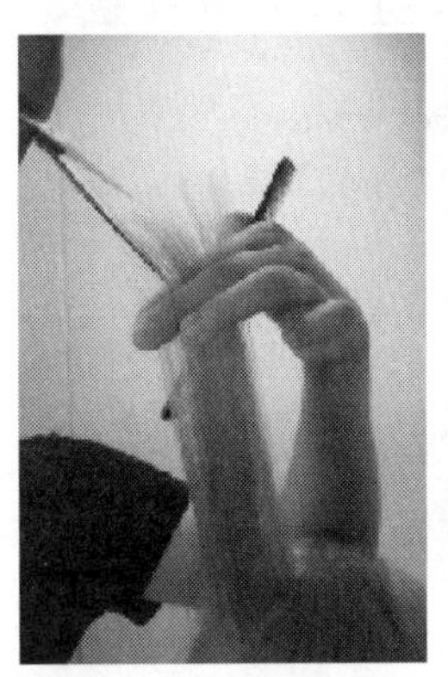
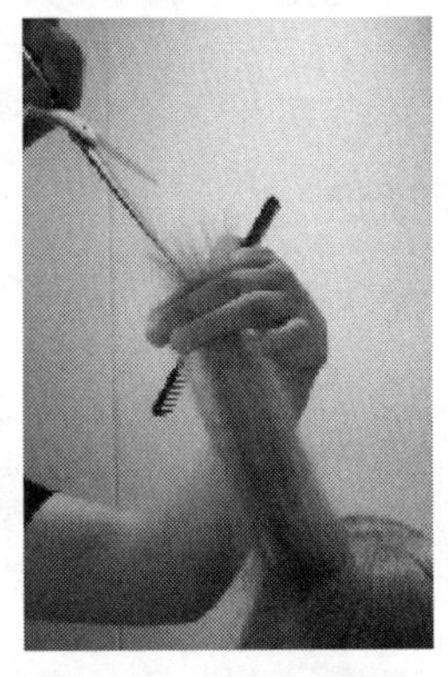

图 3-10　点剪的操作

（二）刻痕的流程及技法

1. 定义

剪刀切口与发片切口成 45°进行修剪。

2. 目的

根据需要的效果在切口制造锯齿状，使发尾处纹理更清晰。

3. 操作

将头发吹顺，直立发片，剪刀切口与发片切口成 45°，在发型轮廓底部修剪出锯齿状切口，如图 3-11 所示。

图 3-11 刻痕的操作

（三）反翘滑剪的流程与技法

1. 定义

剪刀切口与发片切口成弧线进行修剪。

2. 目的

去掉切口上方发量，制造出具有动感的反翘效果。

3. 操作

发型吹干、吹顺后，在所需要的位置用剪刀尖平行于发片，从上向下去除发尾切口上方重量，制造出反翘效果，如图 3-12 所示。

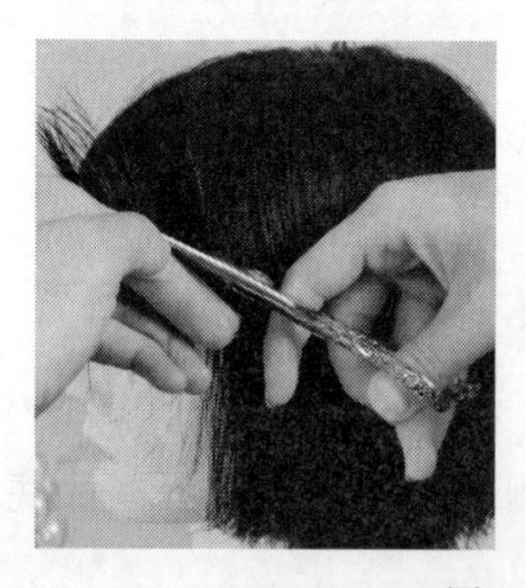
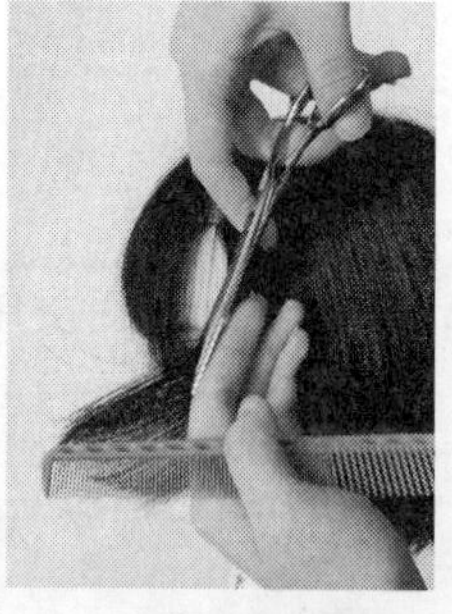

图 3-12 反翘滑剪的操作

任务 3
发型线条的修饰

一、工作情境描述

美发师对顾客进行基础生活发式修剪后，为使发型产生动感和头发线条走向，需对发型线条进行修饰。单个工作任务的完成需要 15~30 分钟。

美发师确定修剪流程后，选用正确的修剪工具，按照世赛健康与安全标准准备工作环境，并遵循美发师国家行业标准，在基础修剪的基础上，通过对头发上部、底部、左侧、右侧的切入式修剪，使发型分别产生上翘、底部支撑、向左和向右或向上和向下的动感线条走向。

二、学习任务描述

在教师的指导下，学生执行世界技能大赛美发项目技术文件（健康与安全）标准与美发师职业标准，获取任务，制订修剪工作计划，认知、使用与维护剪发工具，整理、清洁剪发工作区域，通过对头发上部、底部、左侧、右侧的切入式修剪，完成发型线条的修饰，之后进行拍照、展示、存档，获取顾客反馈。

三、与其他学习任务的关系

发型线条的修饰是生活发式修剪的精细化处理阶段，在发型层次的修剪和发型刘海的修剪等任务基础上完成此任务。

四、学生基础

具备一定的美发行业认知，具有发型层次修剪和发型刘海修剪的基础和操作体验。

五、学习目标

1. 能正确认识、使用、维护、保养剪发工具。

2. 通过独立查询资料，能识别发质、毛流走向及发型线条与脸型的关系。

3. 能使用切入式修剪手法对发型线条进行修饰。

4. 能独立按照发型修剪标准，进行发型线条修剪。

5. 能独立、准确地询问顾客所需的剪发要求，完成线条的修饰。

6. 能按照世界技能大赛美发项目健康与安全条例标准，营造并维持安全、整洁和令人愉悦的工作区域，并完成自评、互评，获取顾客反馈意见，拍照存档。

六、学习内容

1. 职业服务规范。

2. 沟通技巧。

3. 剪发工具的使用、维护、消毒与保养。

4. 发质、毛流走向及发型线条与脸型的关系。

5. 世界技能大赛美发工作环境标准。

6. 发型线条的修饰流程及技法。

7. 评价标准、评价流程。

8. 发型拍照及展示技巧。

七、教学条件

1. 工具、材料、设备：镜台、工凳、推车、头模（真人模特）、支架、围布、一次性围脖、毛巾、喷水壶、剪裁梳、平头梳、鸭嘴夹、条剪、打薄剪、滑剪、削刀、剪刀包、电推剪、卡尺、扫发刷、吹风机。

2. 资料：世界技能大赛美发项目技术文件、美发师国家职业技能标准、工作页、参考书、优秀作品范例、素材网络（如美发网）。

学习工作站须具备良好的安全、照明和通风条件，可分为集中教学区、方案讨论区、实训操作区、成果展示区，并配置相应的文件查询服务器和多媒体教学系统等设备设施，面积以至少同时容纳 30 人开展教学活动为宜，以个人为单位配备工位。

八、教学组织形式

1. 根据员工培训要求，教师开展相关制度培训，安排学生进行小组或者单人的互动学习。

2. 以情境模拟的形式，教师安排学生扮演角色，完成场地环境检查、安全检查、人员考核等项目。

3. 以情境模拟的形式，教师安排学生扮演角色，完成工作任务的流程描述与交接。

4. 教师组织学生以小组或个人形式，通过拍照演示、现场操作、PPT 展示、录像等形式，向全班展示、汇报学习成果。

5. 教师指导重、难点修饰手法，评价学生完成效果。

教学活动策划表详见表 3-3。

九、教学流程与活动

1. 模拟接待顾客、询问需求、获取任务。

2. 制定发型线条修饰方案。

3. 实施发型线条修饰训练任务。

4. 展示发型线条修饰成果 。

5. 获取反馈信息。

6. 拓展发型线条修饰技能。

十、评价内容与标准

1. 会描述顾客的剪发需求。

2. 提交 1 份以上发型线条修饰图片或视频检索资料。

3. 对不同类型头发的生长特点能准确判别。

4. 制订的工作计划具有可操作性。

5. 会安全且卫生地选择、使用、清洁、维护、保养剪发的设备、工具和材料。

6. 进行发型线条修饰的手法正确，符合修剪流程与标准。

7. 营造并维持安全、整洁和令人愉悦的工作区域，符合世界技能大赛美发项目健康与安全条例标准。

8. 能对学习成果进行展示、汇报，完成自评、互评、师评，获取顾客反馈意见，并拍照存档。

9. 能对系统学习成果进行展示、汇报。

表 3-3　教学活动策划表

教学活动	关键能力	学生活动	教师活动	学习内容	资源	评价点	学时	地点
教学活动 1 模拟接待顾客、询问需求、获取任务	1. 语言表达能力 2. 自主学习能力	1. 获取工作任务 2. 按美发师、顾客、助理等角色分工，学习沟通技巧，模拟与顾客沟通交流	1. 布置学习任务，提供学习资料 2. 组织学生进行角色扮演，描述顾客的愿望，解答学生疑问	1. 与顾客有效交流的方法 2. 认识发型线条修饰的效果图	美发杂志、书籍、美发网、工作页	1. 能否判断发型线条的修饰发型图片 2. 沟通交流是否能得出结论	2	美发实训室
教学活动 2 制定发型线条修饰方案	1. 合作、沟通能力 2. 工作计划编写能力	1. 小组合作制定发型线条修饰方案 2. 选用正确的工具 3. 小组讨论确定发型线条修饰手法	1. 引导学生进行修饰方案的讨论 2. 组织学生对工具进行练手 3. 组织学生对修饰手法进行测试 4. 组织评选 5. 教师进行差异化指导	1. 选择与运用修剪工具 2. 手绘分区图的方法	修剪工具、头模、支架、工作页、多媒体	1. 能否清晰完整地将方案填写完善 2. 能否正确选择修剪工具 3. 分区图是否清晰、准确 4. 测试是否规范	2	美发实训室
教学活动 3 实施发型线条修饰训练任务	1. 发型线条修饰的规范操作能力	1. 演一演美发师、助理、顾客角色 2. 对自己的角色进行工作职能描述 3. 摆放工具，检查设施设备 4. 填写顾客档案表	1. 提出完成任务的工作要求	1. 发型分区的方法	修剪工具、修剪设备、工作页、头模、真人模特、顾客满意度调查表	1. 口述流畅性 2. 小组操作规范性	12	美发实训室

续表

教学活动	关键能力	学生活动	教师活动	学习内容	资源	评价点	学时	地点
教学活动3 实施发型线条修饰训练任务	2. 合作能力	5. 与顾客沟通交流，现场拍照上传 6. 独立完成发型线条修饰服务 7. 完成小组评价表 8. 收拾设备、工具，清扫场地	2. 协助学生与顾客交流 3. 巡回指导，实时监控	2. 发型线条修饰的手法和步骤		3. 操作时间的把控		
教学活动4 展示发型线条修饰成果	1. 总结归纳能力 2. 表达能力 3. 解决问题能力	1. 交流收获 2. 作品展示	1. 组织学生进行成果展示 2. 点评展示效果	1. 作品总结、评价 2. 操作汇报展示	修剪工具、修剪设备、真人模特、展示板	1. 小组汇报完整性 2. 小组代表发言情况 3. 各小组讨论有效性、针对性	1	美发实训室
教学活动5 获取反馈信息	表达与沟通能力	1. 小组自评、互评 2. 获取顾客反馈信息	点评学生完成任务情况	自评、互评标准	自评表、互评表	评价的准确性	1	美发实训室
教学活动6 拓展发型线条修饰技能	1. 自主学习能力 2. 知识迁移能力	1. 课后为家人或朋友进行发型线条的修饰 2. 修饰发型后拍照、上传	1. 布置拓展任务 2. 线上互动、答疑	发型线条修饰的扩展	交流群、真人模特、修剪工具	1. 规定时间完成作业情况 2. 与顾客脸型的搭配情况	课余	

十一、学习资料

划剪的操作

1. 取 1 立方厘米菱形发束，制造发型的束状感，如图 3-13 所示。

2. 从距离发根 1.5 厘米处，通过剪刀的闭合抽取目标发量，从而使头发产生立体束状感，如图 3-14 所示。

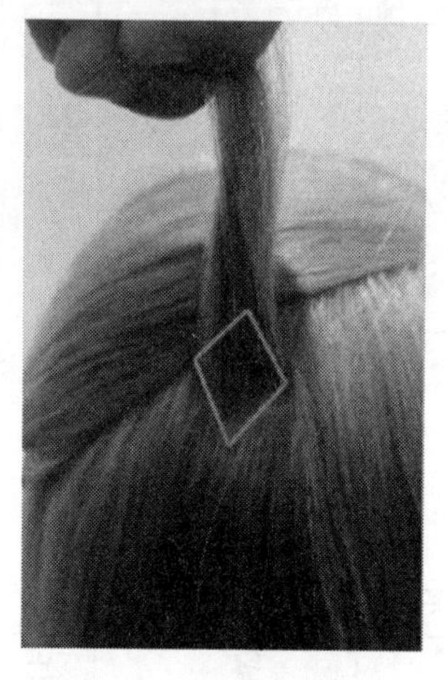

图 3-13　取菱形发束

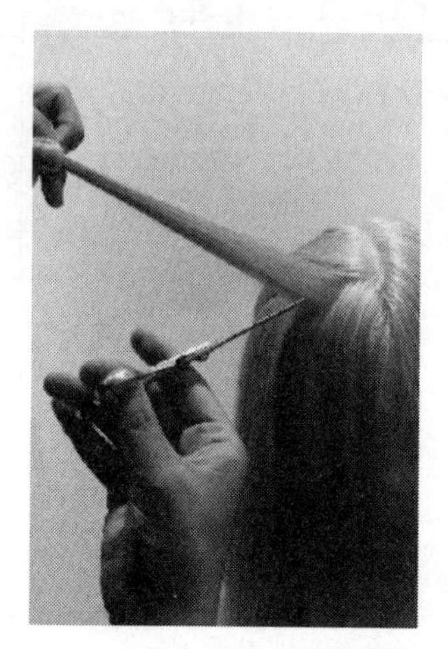

图 3-14　抽取目标发量

3. 在发束的不同位置划剪会产生不一样的效果，具体如下：

（1）菱形发束下方：会使该发片产生束状感。

（2）菱形发束上方：会使该发束从上到下由短到长，产生反翘效果。

（3）菱形发束左边：会使该发束从左到右由短到长，使发束产生向右偏移效果。

（4）菱形发束右边：会使该发束从右到左由短到长，使发束产生向左偏移效果。

模块四

男士超短发的推剪

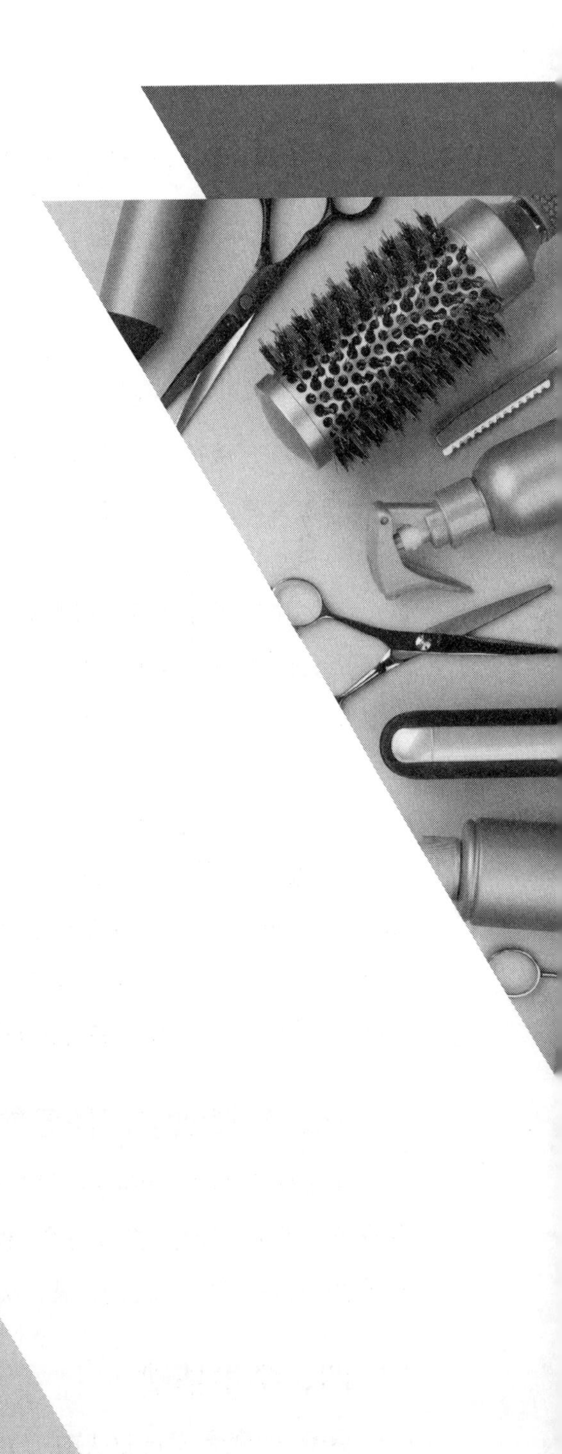

任务 1
男士均等层次（圆头）的推剪

一、工作情境描述

美发沙龙接待了一位 50 岁左右的男士顾客，他需要一款圆头造型。美发师经过与顾客沟通，决定为顾客进行均等层次（圆头）的推剪。单个工作任务的完成需要 45 分钟。

美发师接受任务后，根据美发沙龙剪发流程，确定修剪流程，选用正确的修剪工具、分区技法、修剪手法等，按照世赛健康与安全标准准备工作环境，并遵循美发师国家行业标准，实施男士均等层次（圆头）的推剪。

二、学习任务描述

在教师的指导下，学生执行世界技能大赛美发项目技术文件（健康与安全）标准与美发师职业标准，通过小组合作方式模拟接待、询问顾客，获取任务，制订修剪工作计划，认知、使用与维护剪发工具，整理、清洁剪发工作区域，实施男士均等层次（圆头）的推剪，并在任务完成后拍照、展示、存档，获取顾客反馈。

三、与其他学习任务的关系

男士均等层次（圆头）的推剪是男士超短发推剪学习任务的基础，通过完成该学习任务，能强化学生对推剪技术、作业流程、作业规范的认知，提升学生的责任意识、场地管理意识，树立职业自豪感，从而让其他学习任务的开展更具规范性与职业性。

四、学生基础

具备一定的美发行业认知，具有生活发式修剪的基础。

五、学习目标

1. 能正确认识、使用、维护、保养推剪工具。

2. 通过独立查询资料，能识别不同类型头发的生长特点。

3. 能灵活运用电推剪进行男士均等层次发型的推剪。

4. 能独立、准确地询问顾客的剪发要求，完成均等层次（圆头）的推剪程序及技法。

5. 能按照生产商的说明，安全且卫生地选择、使用、清洁和储存所有的设备、工具和材料。

6. 能按照世界技能大赛美发项目健康与安全条例标准，营造并维持安全、整洁和令人愉悦的工作区域，并完成自评、互评，获取顾客反馈意见。

六、学习内容

1. 职业服务规范。

2. 沟通技巧。

3. 推剪工具认知、使用、维护、消毒与保养。

4. 不同类型头发的生长特点及毛流方向。

5. 世界技能大赛美发工作环境标准。

6. 男士均等层次（圆头）的推剪流程、推剪技法。

7. 美发网图片查询方法。

8. 评价标准、评价流程。

9. 发型拍照及展示技巧。

七、教学条件

1. 工具、材料、设备：镜台、工凳、推车、头模（真人模特）、支架、围布、一次性围脖、毛巾、喷水壶、剪裁梳、平头梳、鸭嘴夹、条剪、打薄剪、滑剪、剪刀包、电推剪、卡尺、扫发刷、吹风机。

2. 资料：世界技能大赛美发项目技术文件、美发师国家职业技能标准、工作页、参考书、优秀作品范例、素材网络（如美发网）。

学习工作站须具备良好的安全、照明和通风条件，可分为资讯查询区、集中教学区、方案讨论区、实训操作区、成果展示区，并配置相应的文件查询服务器和多媒体教学系统等设备设施，面积以至少同时容纳 30 人开展教学活动为宜，以个人为单位配备工位。

八、教学组织形式

1. 用微课组织学生小组互动或个人独立学习剪发服务规范、沟通技巧，男士均等层次（圆头）的推剪技法、推剪流程，世界技能大赛美发工作环境标准等知识与技能。

2. 用岗位角色扮演方式，让学生合作体验并完成场地环境检查、安全检查、人员考核、工作交接等工作流程与服务。

3. 组织学生学习推剪工具的认识、使用、维护、消毒与保养，并对不同类型头发的生长特点和毛流方向等知识与技术进行小组讨论与交流。

4. 按照推剪流程与技法，组织学生在头模上独立完成男士均等层次（圆头）的推剪。

5. 以图示、推剪头模等形式，组织学生分组交流、展示学习成果。

6. 针对男士均等层次（圆头）推剪效果，组织学生完成过程性自评、互评，教师完成终结性评价。

九、教学流程与活动

1. 咨询顾客需求，获取修剪任务。
2. 制定男士均等层次（圆头）推剪任务方案。
3. 实施男士均等层次（圆头）推剪训练任务。
4. 展示男士均等层次（圆头）推剪成果。
5. 获取顾客反馈，评估学习效果。
6. 拓展男士均等层次（圆头）推剪技能。

教学活动策划表详见表 4-1。

十、评价内容与标准

1. 会描述顾客的剪发需求。
2. 提交 1 份以上流行发型图片或视频检索资料。
3. 制订的工作计划具有可操作性。
4. 对不同类型头发的生长特点能准确判别。

表 4-1　教学活动策划表

教学活动	关键能力	学生活动	教师活动	学习内容	资源	评价点	学时	地点
教学活动 1 咨询顾客需求，获取修剪任务	1. 语言表达能力 2. 自主学习能力	1. 获取工作任务 2. 学习沟通技巧 3. 学习流行发型图片或视频检索方法 4. 模拟与顾客沟通交流 5. 填写推剪服务规范	1. 布置学习任务，提供学习资料 2. 组织学生进行角色扮演，描述顾客的愿望，解答学生疑问	1. 与顾客有效交流的方法 2. 认识男士均等层次（圆头）的推剪效果图	书籍、美发网、工作页	1. 填写男士均等层次（圆头）推剪的工作页 2. 提交顾客发型推剪需求 3. 提交男士均等层次（圆头）推剪的发型图片	4	美发实训室
教学活动 2 制定男士均等层次（圆头）推剪方案	1. 合作、沟通能力 2. 工作计划编写能力	1. 小组合作制定推剪方案 2. 选用正确的工具 3. 小组讨论确定推剪手法	1. 引导学生进行推剪方案的讨论 2. 组织学生对工具进行练手 3. 组织学生对推剪手法进行测试 4. 教师进行差异化指导	1. 明确工作时间 2. 拟订工作计划 3. 进行人员分工 4. 协调工具与设备	推剪工具、头模、支架、工作页、多媒体	1. 工作计划具有可操作性 2. 选用修剪工具合理 3. 提交方案完善，包括完整的修剪流程	4	美发实训室

续表

教学活动	关键能力	学生活动	教师活动	学习内容	资源	评价点	学时	地点
教学活动3 实施男士均等层次（圆头）推剪训练任务	1. 男士均等层次（圆头）推剪规范操作能力 2. 世赛标准执行能力 3. 合作能力	1. 演一演 1）美发师、助理、顾客角色 2）描述自己所扮演角色的工作职能 2. 查一查 1）推剪工具、设施设备的摆放是否合规 2）工作区域健康与安全是否达标 3. 做一做 1）独立完成男士均等层次推剪（圆头）服务 2）小组合作收拾设备、工具，清扫场地 3）填写小组评价表	1. 提出完成任务的工作要求 2. 组织学生对推剪工具进行练手 3. 组织学生互测推剪手法 4. 组织学生完成任务实施效果评价 5. 巡回指导，实时监控	1. 选择与运用推剪 2. 头颅的轮廓分析 3. 男士均等层次（圆头）的推剪手法和步骤工具 4. 世界技能大赛美发项目健康与安全条例标准 5. 学习效果评价标准	推剪工具、推剪设备、工作页、真人模特、顾客满意度调查表	1. 对不同类型头发的生长特点能准确判别 2. 推剪工具、设施设备的摆放合规 3. 对男士均等层次（圆头）推剪的手法正确，符合推剪流程与标准 4. 推剪设备、工具整理及工作区域清扫达标 5. 小组协调合作 6. 顾客满意度达80% 以上	14	美发实训室

续表

教学活动	关键能力	学生活动	教师活动	学习内容	资源	评价点	学时	地点
教学活动 4 展示男士均等层次（圆头）推剪成果	1. 总结归纳能力 2. 表达能力 3. 解决问题能力	1. 交流收获 2. 作品展示	1. 组织学生进行成果展示 2. 点评展示效果	1. 男士均等层次（圆头）推剪的总结、评价 2. 男士均等层次（圆头）推剪的操作汇报展示	推剪工具、推剪设备、真人模特、展示板	1. 小组汇报完整性 2. 小组代表发言情况 3. 各小组讨论有效性、针对性	1	美发实训室
教学活动 5 获取反馈信息	表达与沟通能力	1. 小组自评、互评 2. 获取顾客反馈信息	点评学生完成任务情况	1. 过程性自评、互评标准 2. 终结性评价标准	自评表、互评表、师评表	1. 推剪过程的学习态度 2. 推剪结果完成度 3. 顾客反馈信息的有效性	1	美发实训室
教学活动 6 拓展男士均等层次（圆头）推剪技能	1. 自主学习能力 2. 知识迁移能力	1. 参加学校义剪活动 2. 通过网络收集男士超短发推剪发型照片，并分享至 QQ 群	1. 布置拓展任务 2. 通过微信、QQ 与学生互动，线上答疑	男士均等层次（圆头）的推剪扩展	QQ 群、真人模特、推剪工具	1. 规定时间完成作业情况 2. 与顾客脸型的搭配情况	课余	

5. 通过参与小组合作，会安全且卫生地认识、选择、使用、清洁、维护、保养剪发的设备、工具和材料。

6. 对头发进行推剪的手法正确，符合推剪流程与标准。

7. 营造并维持安全、整洁和令人愉悦的工作区域，符合世界技能大赛美发项目健康与安全条例标准。

8. 能对学习成果进行展示、汇报，完成自评、互评、师评，获取顾客反馈意见，并拍照存档。

9. 能对系统学习成果进行展示、汇报。

十一、学习资料

男士均等层次（圆头）的推剪

（一）电推剪的认识与使用

1. 电推剪的认识

进行男士发型修剪时，使用比较普遍的工具是电推剪（见图 4-1）。电推剪有两面刃，一边的刃固定不动，另一边的刃左右移动的速度很快，它的工作原理是推齿在电流的作用下，左右快速摆动，将头发快速剃除干净。

2. 电推剪的使用

（1）用右手拇指与食指握住电推剪外壳的前部，其余三指握住外壳下端并稳住刀身（见图 4-2）。

图 4-1　电推剪

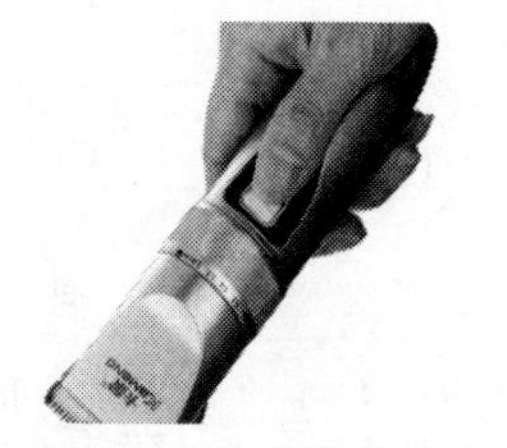

图 4-2　电推剪的握法

（2）在梳子的配合下，利用肘部的力量向上移动电推剪。

（3）肘部移动的快慢要与电推剪的速度相吻合。

（二）男士均等层次（圆头）的推剪流程

1. 发型分析

男士均等层次（圆头）的修剪要领在于以垂直于头皮的角度拉出发片进行修剪，

剪切后整个头部的头发一样长，其轮廓为圆形，没有明显的重量线。

2. 推剪流程（见表4-2）

表4-2　男士均等层次（圆头）的推剪流程

修剪程序	修剪方法	修剪图示
头顶修剪	1. 确定头发修剪长度	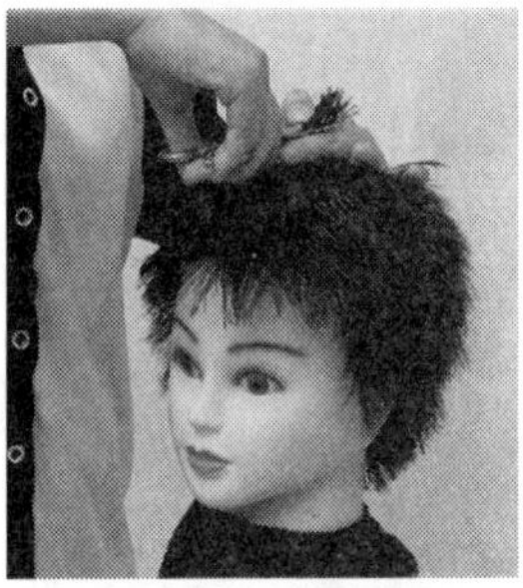
	2. 确定前区引导线，90° 提拉发片进行垂直修剪	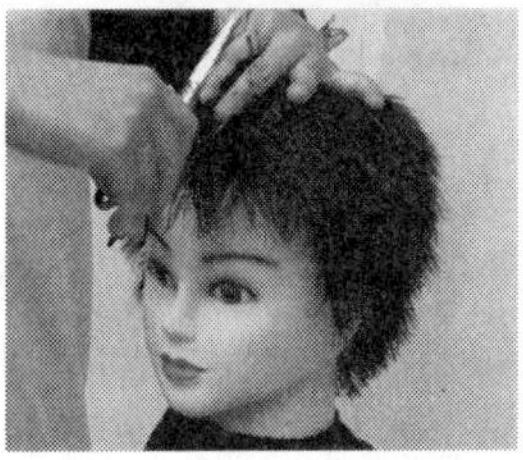
	3. 确定头顶右边引导线，90° 提拉发片，根据引导线进行修剪	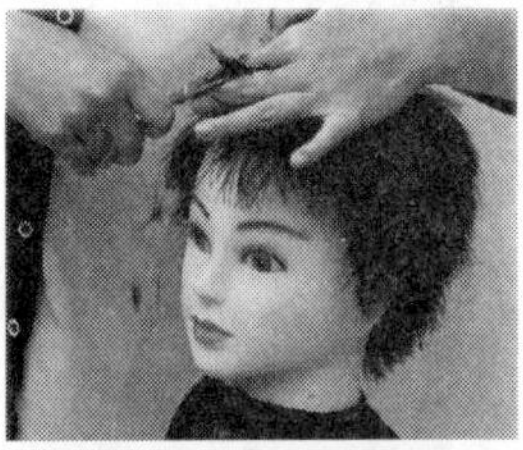
	4. 确定头顶左边引导线，90° 提拉发片，根据引导线进行修剪 5. 前区修剪完成后，再横拉发片进行检查	

续表

修剪程序	修剪方法	修剪图示
底区修剪	1. 使用剪发梳和电推剪进行底区修剪。使用 3 号卡尺打底	
	2. 用剪发梳把头发轻轻往下压，再用电推剪从下往上推至黄金点处，注意电推剪要与剪发梳贴服	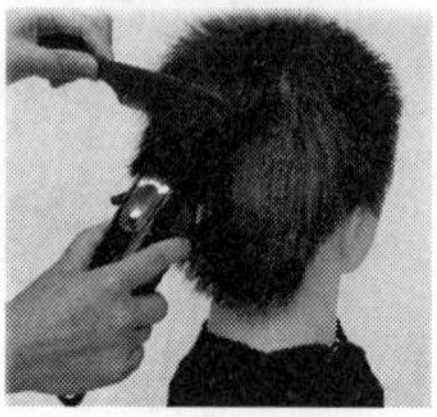
	3. 打底完成后，将卡尺取下	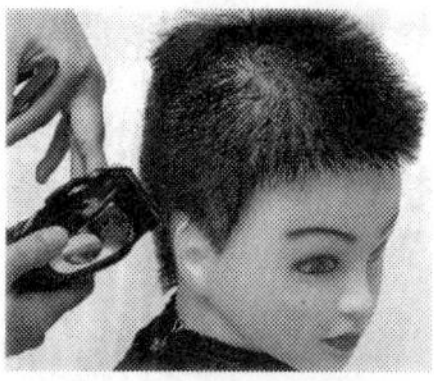
	4. 然后用电推剪修剪发际线周围的头发，注意让头发从短到长，使其具有渐变的效果	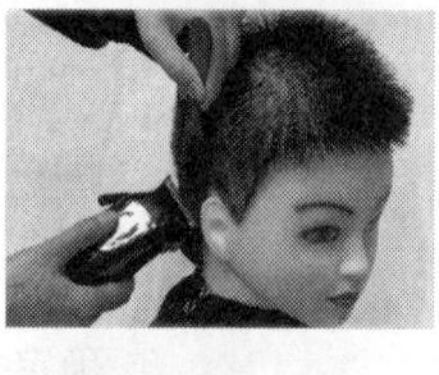
	5. 剪发梳与条剪配合使用，修剪头骨转角处多余的头发	
	6. 最后使用条剪调整发型，完成修剪	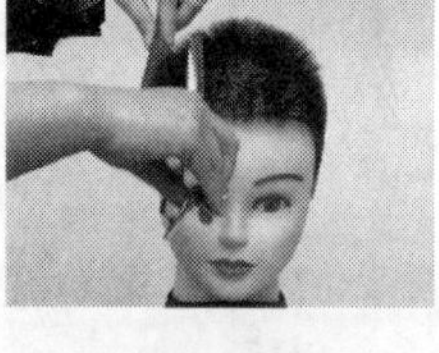

任务 2
男士均等层次（平头）的推剪

一、工作情境描述

某美发沙龙接待了一位 50 岁左右的男士顾客，他需要一款平头造型。美发师经过与顾客沟通，确定为顾客进行男士均等层次（平头）的推剪。单个工作任务的完成需要 45 分钟。

美发师接受任务后，根据美发沙龙剪发流程，选用正确的修剪工具、分区技法、修剪手法等，按照世赛健康与安全标准准备工作环境，并遵循美发师国家行业标准，实施男士均等层次（平头）的推剪。

二、学习任务描述

在教师的指导下，学生执行世界技能大赛美发项目技术文件（健康与安全）标准与美发师职业标准，通过小组合作方式模拟接待、询问顾客，获取任务，制订推剪工作计划，认知、使用与维护剪发工具，整理、清洁剪发工作区域，实施生活发式男士均等层次（平头）的推剪，并在任务完成后拍照、展示、存档，获取顾客反馈。

三、与其他学习任务的关系

男士均等层次（平头）的推剪是男士超短发推剪学习任务的基础，通过完成该学习任务，能强化学生对推剪技术、作业流程、作业规范的认知，提升学生的责任意识、场地管理意识，树立职业自豪感，从而让其他学习任务的开展更具规范性与职业性。

四、学生基础

具备一定的美发行业认知，具有生活发式修剪的基础。

五、学习目标

1. 能正确认识、使用、维护、保养剪发工具。

2. 通过独立查询资料，能识别不同类型头发的生长特点。

3. 能独立按照男士发型推剪标准进行推剪。

4. 能独立、准确地询问顾客的剪发要求，完成均等层次（平头）的推剪程序及技法。

5. 能按照生产商的说明，安全且卫生地选择、使用、清洁和储存所有的设备、工具和材料。

6. 能按照世界技能大赛美发项目健康与安全条例标准，营造并维持安全、整洁和令人愉悦的工作区域，并完成自评、互评，获取顾客反馈意见，拍照存档。

六、学习内容

1. 职业服务规范。

2. 沟通技巧。

3. 推剪工具认知、使用、维护、消毒与保养。

4. 不同类型头发的生长特点及毛流方向。

5. 世界技能大赛美发工作环境标准。

6. 男士均等层次（平头）的推剪流程、推剪技法。

7. 美发网图片查询方法。

8. 评价标准、评价流程。

9. 发型拍照及展示技巧。

七、教学条件

1. 工具、材料、设备：镜台、工凳、推车、头模（真人模特）、支架、围布、一次性围脖、毛巾、喷水壶、剪裁梳、平头梳、鸭嘴夹、条剪、打薄剪、滑剪、剪刀包、电推剪、卡尺、扫发刷、吹风机。

2. 资料：世界技能大赛美发项目技术文件、美发师国家职业技能标准、工作页、参考书、优秀作品范例、素材网络（如美发网）。

学习工作站须具备良好的安全、照明和通风条件，可分为集中教学区、方案讨论区、实训操作区、成果展示区，并配置相应的文件查询服务器和多媒体教学系统等设备设施，面积以至少同时容纳 30 人开展教学活动为宜，以个人为单位配备工位。

八、教学组织形式

1. 用微课组织学生小组互动或个人独立学习剪发服务规范、沟通技巧，男士均等层次（平头）的推剪技法、推剪流程，世界技能大赛美发工作环境标准等知识与技能。

2. 用岗位角色扮演方式，让学生合作体验并完成场地环境检查、安全检查、人员考核、工作交接等工作流程与服务。

3. 组织学生学习推剪工具的认识、使用、维护、消毒与保养，并对不同类型头发的生长特点和毛流方向等知识与技术进行小组讨论与交流。

4. 按照推剪流程与技法，组织学生在头模上独立完成男士均等层次（平头）的推剪。

5. 以图示、推剪头模等形式，组织学生分组交流、展示学习成果。

6. 针对男士均等层次（平头）推剪效果，组织学生完成过程性自评、互评，教师完成终结性评价。

九、教学流程与活动

1. 咨询顾客需求，获取修剪任务。

2. 制定男士均等层次（平头）推剪任务方案。

3. 实施男士均等层次（平头）推剪训练任务。

4. 展示男士均等层次（平头）推剪成果。

5. 获取顾客反馈，评估学习效果。

6. 拓展男士均等层次（平头）推剪技能。

教学活动策划表详见表 4-3。

表 4-3　教学活动策划表

教学活动	关键能力	学生活动	教师活动	学习内容	资源	评价点	学时	地点
教学活动 1 咨询顾客需求，获取修剪任务	1. 语言表达能力 2. 自主学习能力	1. 获取工作任务 2. 学习沟通技巧 3. 学习流行发型图片或视频检索方法 4. 模拟与顾客沟通交流 5. 填写推剪服务规范	1. 布置学习任务，提供学习资料 2. 组织学生进行角色扮演，描述顾客的愿望，解答学生疑问	1. 与顾客有效交流的方法 2. 认识男士均等层次（平头）的推剪效果图	书籍、美发网、工作页	1. 填写男士均等层次（平头）推剪的工作页 2. 提交顾客发型修剪需求 3. 提交男士均等层次（平头）推剪的发型图片	4	美发实训室
教学活动 2 制定男士均等层次（平头）推剪方案	1. 合作、沟通能力 2. 工作计划编写能力	1. 小组合作制定推剪方案 2. 选用正确的工具 3. 小组讨论确定推剪手法	1. 引导学生进行推剪方案的讨论 2. 组织学生对工具进行练手 3. 组织学生对推剪手法进行测试 4. 教师进行差异化指导	1. 明确工作时间 2. 拟订工作计划 3. 进行人员分工 4. 协调工具与设备	推剪工具、头模、支架、工作页、多媒体	1. 工作计划具有可操作性 2. 选用修剪工具合理 3. 提交方案完善，包括完整的修剪流程	4	美发实训室

续表

教学活动	关键能力	学生活动	教师活动	学习内容	资源	评价点	学时	地点
教学活动3 实施男士均等层次（平头）推剪训练任务	1. 男士均等层次（平头）推剪规范操作能力 2. 世赛标准执行能力 3. 合作能力	1. 演一演 1）美发师、助理、顾客角色 2）描述自己所扮演角色的工作职能 2. 查一查 1）推剪工具、设施设备的摆放是否合规 2）工作区域健康与安全是否达标 3. 做一做 1）独立完成男士均等层次（平头）推剪服务 2）小组合作收拾设备、工具，清扫场地 3）填写小组评价表	1. 提出完成任务的工作要求 2. 组织学生对推剪工具进行练手 3. 组织学生互测推剪手法 4. 组织学生完成任务实施效果评价 5. 巡回指导，实时监控	1. 选择与运用推剪工具 2. 头颅的轮廓分析 3. 男士均等层次（平头）的推剪手法和步骤 4. 世界技能大赛美发项目健康与安全条例标准 5. 学习效果评价标准	推剪工具、推剪设备、工作页、真人模特、顾客满意度调查表	1. 对不同类型头发的生长特点能准确判别 2. 推剪工具、设施设备的摆放合规 3. 对男士均等层次（平头）推剪的手法正确，符合推剪流程与标准 4. 推剪设备、工具整理及工作区域清扫达标 5. 小组协调合作 6. 顾客满意度达 80% 以上	14	美发实训室

续表

教学活动	关键能力	学生活动	教师活动	学习内容	资源	评价点	学时	地点
教学活动4 展示男士均等层次（平头）推剪成果	1. 总结能力 2. 表达能力 3. 解决问题能力	1. 交流收获 2. 作品展示	1. 组织学生进行成果展示 2. 点评展示效果	1. 男士均等层次（平头）推剪的总结、评价 2. 男士均等层次（平头）推剪的操作汇报展示	推剪工具、推剪设备、真人模特、展示板	1. 小组汇报完整性 2. 小组代表发言情况 3. 各小组讨论有效性、针对性	1	美发实训室
教学活动5 获取反馈信息	表达与沟通能力	1. 小组自评、互评 2. 获取顾客反馈信息	点评学生完成任务情况	1. 过程性自评、互评标准 2. 终结性评价标准	自评表、互评表、师评表	1. 推剪过程的学习态度 2. 推剪结果完成度 3. 顾客反馈信息的有效性	1	美发实训室
教学活动6 拓展男士均等层次（平头）推剪技能	1. 自主学习能力 2. 知识迁移能力	1. 参加学校义剪活动 2. 通过网络收集男士超短发推剪发型照片，并分享至QQ群	1. 布置拓展任务 2. 通过微信、QQ与学生互动，线上答疑	男士均等层次（平头）的推剪扩展	QQ群、真人模特、推剪工具	1. 规定时间完成作业情况 2. 与顾客脸型的搭配情况	课余	

十、评价内容与标准

1. 会描述顾客的剪发需求。

2. 提交 1 份以上流行发型图片或视频检索资料。

3. 制订的工作计划具有可操作性。

4. 对不同类型头发的生长特点能准确判别。

5. 会安全且卫生地认识、选择、使用、清洁、维护、保养剪发的设备、工具和材料。

6. 对头发进行推剪的手法正确，符合推剪流程与标准。

7. 营造并维持安全、整洁和令人愉悦的工作区域，符合世界技能大赛美发项目健康与安全条例标准。

8. 能对学习成果进行展示、汇报，完成自评、互评、师评，获取顾客反馈意见，并拍照存档。

9. 能对系统学习成果进行展示、汇报。

十一、学习资料

男士均等层次（平头）的推剪

（一）男士均等层次（平头）的发型分析

男士均等层次（平头）的特征是外层的头发较短而内层的头发较长，采用固定设计线，修剪出来的效果都在同一线条上。

（二）男士均等层次（平头）的推剪流程（见表 4–4）

表 4–4　男士均等层次（平头）的推剪流程

修剪程序	修剪方法	修剪图示
头顶修剪	1. 将头发喷湿	

续表

修剪程序	修剪方法	修剪图示
头顶修剪	2. 从右边分出一条平行线	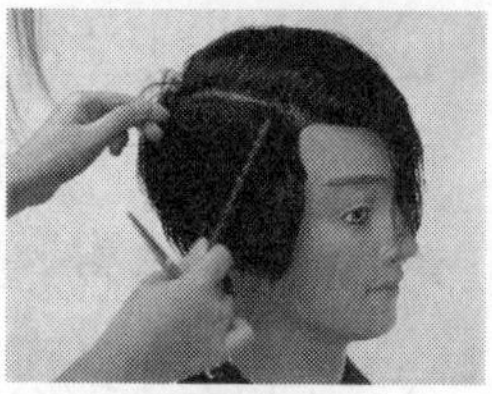
	3. 平行分区，修剪出引导线	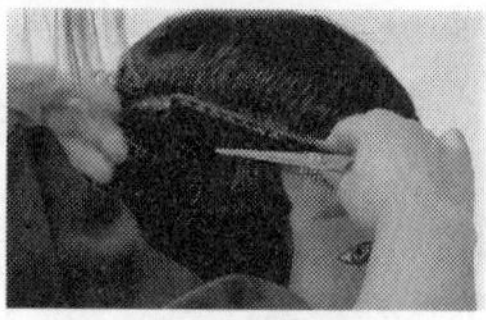
	4. 根据引导线，平行修剪第一片发片，每一片都如此修剪	
	5. 从左边分出一条平行线	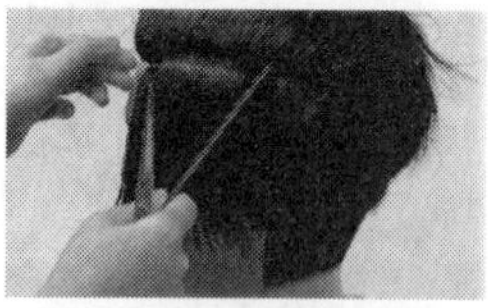
	6. 平行分区，修剪上区头发，拉至右边第一片引导线处	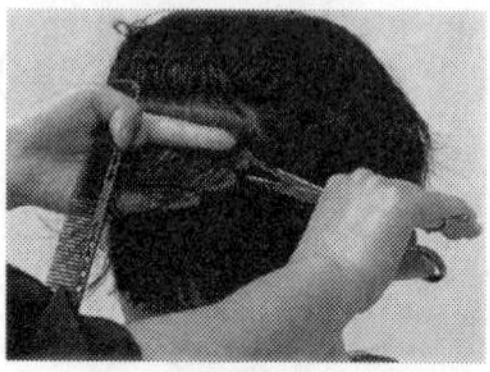
	7. 根据引导线，平行修剪第一片发片，每一片都如此修剪	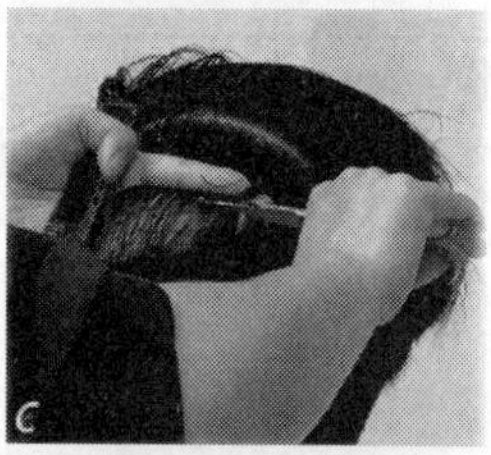
后区与顶区修剪	1. 上区修剪完毕后，开始修剪后区，以黄金点的位置水平分出一条线进行修剪，修剪出引导线	

续表

修剪程序	修剪方法	修剪图示
后区与顶区修剪	2. 以引导线为指导，修剪第一片发片，每一片都如此修剪	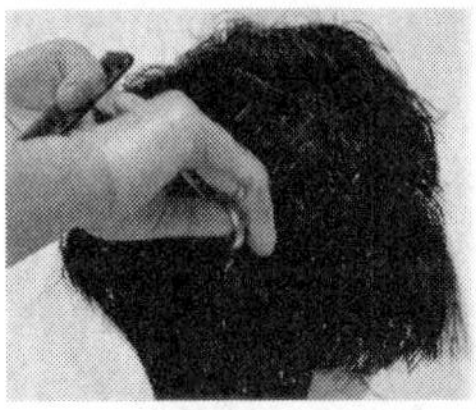
	3. 然后再链接顶区。垂直提拉发片，修剪出一条水平线作为顶区引导线。以引导线为参考，一片一片进行修剪	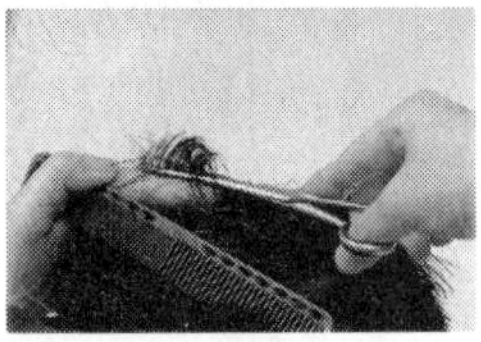
	4. 顶区再竖分发片，以开始修剪的头发作为引导线，与地面平行修剪	
	5. 横拉发片，检查每一片发片是否平行	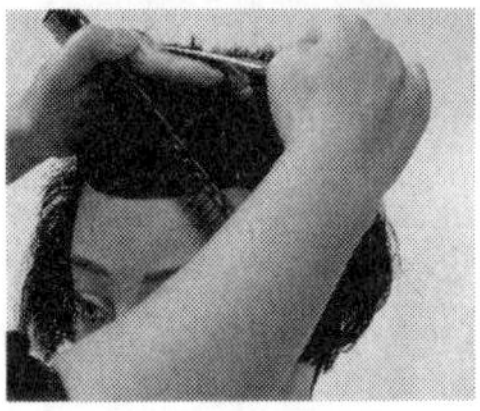
底区修剪	1. 用电推剪修剪鬓角处头发，注意过渡自然	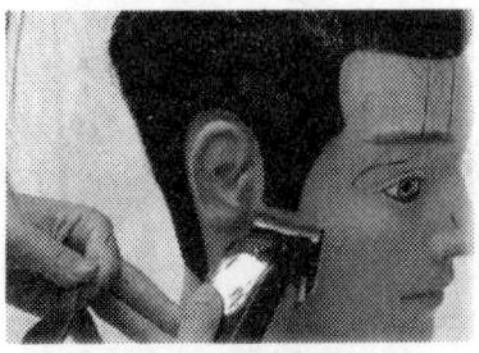 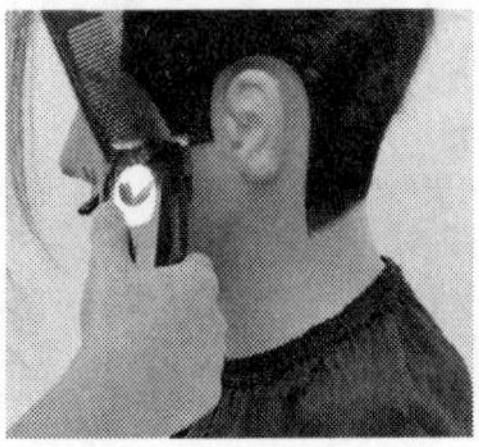

续表

修剪程序	修剪方法	修剪图示
	2. 底区修剪时，要与地面垂直并且有一定的坡度	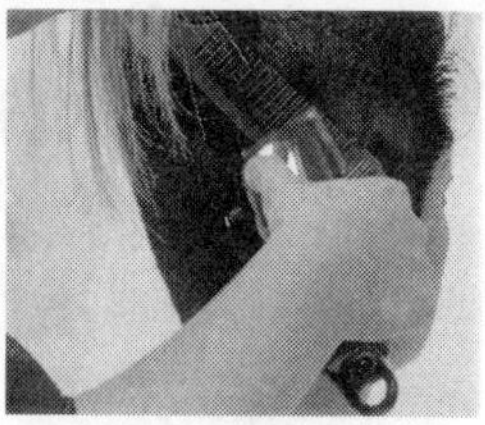
底区修剪	3. 吹干头发，检查不平整的地方	
	4. 用条剪和电推剪调整不平整的地方，使头发整体发量均匀，完成修剪	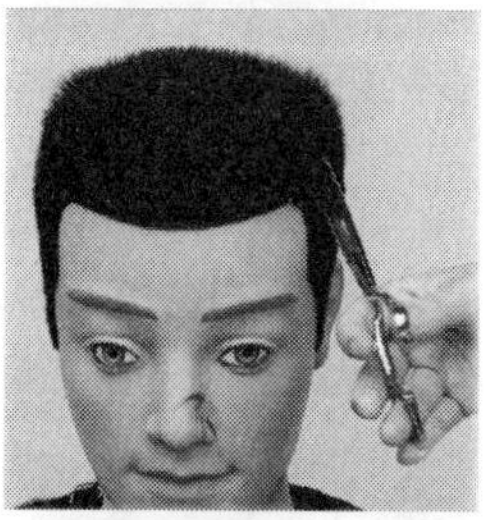 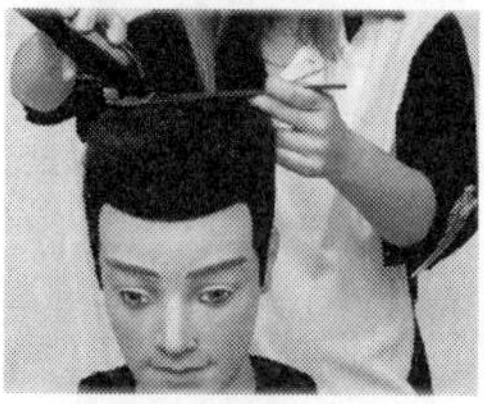 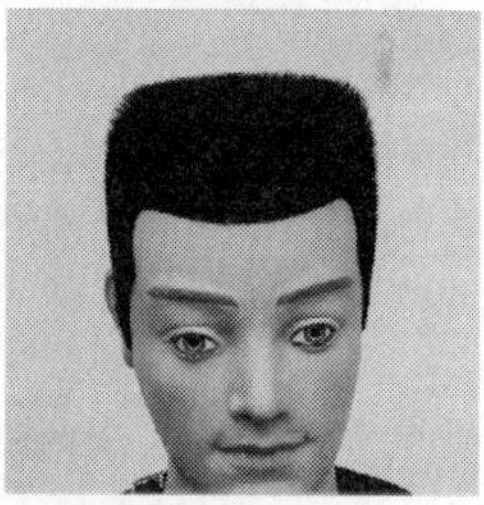